建筑电气设备知识及招标要素系列丛书

智能应急照明系统知识及招标要素

中国建筑设计院有限公司　主编

中国建筑工业出版社

图书在版编目（CIP）数据

智能应急照明系统知识及招标要素/中国建筑设计院有限公司主编．—北京：中国建筑工业出版社，2016.9

（建筑电气设备知识及招标要素系列丛书）

ISBN 978-7-112-19612-8

Ⅰ.①智… Ⅱ.①中… Ⅲ.①照明装置-应急系统-智能控制-基本知识②照明装置-应急系统-智能控制-电力工业-工业企业-招标-中国 Ⅳ.①TM923.4 ②F426.61

中国版本图书馆CIP数据核字（2016）第169600号

责任编辑：张文胜　田启铭　李玲洁

责任设计：王国羽

责任校对：陈晶晶　党　蕾

建筑电气设备知识及招标要素系列丛书

智能应急照明系统知识及招标要素

中国建筑设计院有限公司　主编

*

中国建筑工业出版社出版、发行（北京西郊百万庄）

各地新华书店、建筑书店经销

唐山龙达图文制作有限公司制版

环球东方（北京）印务有限公司印刷

*

开本：787×960毫米　1/16　印张：4　字数：59千字

2016年12月第一版　2016年12月第一次印刷

定价：**15.00**元

ISBN 978-7-112-19612-8

（29107）

编写委员会

主　　编：陈　琪（主审）

副 主 编：沈　晋（执笔）　王苏阳（指导）

编著人员（按姓氏笔画排序）：

王　旭　王　青　王　健　王玉卿　王苏阳

尹　啸　祁　桐　李　喆　李沛岩　李建波

李俊民　沈　晋　张　青　张　雅　张雅维

陈　琪　陈　游　陈双燕　胡　桃　贺　琳

曹　磊

参编企业：

沈阳宏宇光电子科技有限公司	牟翔宇
北京市崇正华盛应急设备系统有限公司	孙华荣
国彪电源集团有限公司	孙义民

编 制 说 明

建筑电气设备知识及招标要素系列丛书是为了提高工程建设过程中，电气建造质量所做的尝试。

在工程建设过程中，电气部分涉及面很广，系统也越来越多，稍有不慎，将造成极大的安全隐患。

这套系列丛书以招标文件为引导，普及了大量电气设备制造过程中的实用基础知识，不仅为建设、设计、施工、咨询、监理等人员提供了实际工作中常见的技术设计要点，还为他们了解、采购性价比高的产品提供支持帮助。

本册为智能应急照明系统知识及招标要素，本册主要内容为消防应急照明和疏散指示系统，即为人员疏散、消防作业提供照明和疏散指示的系统。第 1 篇给出了智能应急照明系统招标文件的技术部分；第 2 篇叙述了智能应急照明系统制造方面的基础知识；为了使读者更好地掌握智能应急照明系统的技术特点，第 3 篇摘录了部分智能应急照明系统的产品制造标准；为了帮助建设、设计、施工、咨询、监理人员对项目有一个大致估算，第 4 篇提供了部分产品介绍及市场报价。

在此，特别感谢沈阳宏宇光电子科技有限公司（简称“厂家 1”）、北京市崇正华盛应急设备系统有限公司（简称“厂家 2”）、国彪电源集团有限公司（简称“厂家 3”）提供的技术支持。

注意书中下划线内容，应根据工程项目特点修改。

总之，尝试就会有缺陷、错误，希望建设、设计、施工、咨询、监理单位，在参考建筑电气设备知识及招标要素系列丛书时，如有意见或建议，请寄送中国建筑设计院有限公司（地址：北京市车公庄大街19号，邮政编码 100044）。

中国建筑设计院有限公司

2016 年 6 月

目　　录

第1篇　智能应急照明系统技术规格书

第1章　总　　则

1.0.1　投标方应提供生产厂产品说明书，提供满足要求的详细建议书和报价清单。建议书要求逐条明确应答。如果有必要，可给出详细的技术数据。

1.0.2　投标方可根据自己产品的技术特点和性能提出满足本技术规格书要求的智能应急照明系统解决方案及设备配置，并详细说明工作原理、技术特性、技术指标和结构尺寸等。如果本技术规格书中某些没有提及的功能，而投标方已经考虑到或有更合理的建议，可将其作为附件提供。供货人须在中标后会同设计方完成智能应急照明系统的深化设计及二次控制原理图。

1.0.3　该系统需经国家消防电子产品质量监督检验中心检验合格，所有设备需获得国家强制性CCCF产品认证。

1.0.4　投标厂家需满足设计提出的要求。

第2章　招标内容

招标内容包括工程蓝图范围内所有智能应急照明系统的图纸深化；技术支持；设备、主材、辅材供应、系统调试、验收、维护。

供货商应提供整套的智能应急照明系统，包括所有有关的辅助设备，以确保满足操作的要求，涉及的范围至少但不限于包括下述部分：

2.0.1　应急照明控制器及通信模块运行软件

2.0.2　应急照明集中电源及运行软件

2.0.3　应急照明分配电装置及运行软件

2.0.4　消防应急灯具及运行软件

第3章　使用环境

正常使用条件下，海拔高度不超过______m，环境温度______～______℃，日温差______，年平均温度______，相对湿度______%，地震烈度______。

部分厂家智能应急照明系统使用环境条件见表1.3-1。

智能应急照明系统使用环境条件　　表1.3-1

技术指标＼厂家名称	厂家1	厂家2	厂家3
海拔高度(m)	<1000m	<1000m,户内安装	1000m(超过1000m需降容使用)
环境温度(℃)	−10～45	−5～40	−10～40
相对湿度	≤90%	≤95%(+25℃)	不大于90%(无凝露)
日温差	无要求	25℃	无要求
年平均温度	无要求	+30℃	无要求
地震烈度	无要求	7度	7度

第4章　遵循的规范、标准

《消防应急照明和疏散指示系统》GB 17945—2010

《特低电压（ELV）限值》GB/T 3805—2008

《外壳防护等级（IP代码）》GB 4208—2008

《灯具　第1部分：一般要求与试验》GB 7000.1—2007

《灯具　第2-22部分：特殊要求　应急照明灯具》GB 7000.2—2008

《电气照明和类似设备的无线电骚扰特性的限值和测量方法》GB 17743—2007

《消防安全标志　第1部分：标志》GB 13495.1—2015

《建筑照明设计标准》GB 50034—2013

《建筑设计防火规范》GB 50016—2014

《民用建筑电气设计规范》JGJ 16—2008

第5章　主要技术要求

5.1　系统总体技术要求

5.1.1　系统组成要求：消防应急照明和疏散指示采用集中电源集中控制型设备，系统由应急照明控制器、应急照明集中电源、应急照明分配电装置、消防应急灯具及相关附件组成。

5.1.2　系统供电要求：主电源应采用220V（应急照明集中电源可采用380V），50Hz交流电源，主电源压降装置不应采用阻容压降方式；安装在地面的灯具主电源应采用安全电压。

5.1.3　系统通信要求：

1. 整个系统通过信号总线联网，应急照明集中电源及输出回路、应急照明分配电装置及输出回路、集中电源集中控制型标志灯具及照明灯具有唯一的地址编码。系统与火灾自动报警系统（FAS）应具备通信端口。

2. 应急照明分配电装置对照明灯具及标志灯具通信不得采用载波通信方式。

5.1.4　系统监视功能：

1. 应急照明控制器应能监视所有应急照明集中电源、应急照明分配电装置、所有消防应急照明灯具及标志灯具的运行工作状况，实时显示当前信息。

2. 列表应详尽描述系统监视功能内容。

5.1.5　系统控制功能：

应急照明控制器应能控制所有应急照明集中电源、应急照明分配电装置、所有消防应急照明灯具及标志灯具。对标志灯具进行编程控制。

5.1.6　系统自检功能：

1. 系统持续主电工作48h后每隔（30±2）d应能自动由主电工作状态转入应急工作状态并持续30～180s，然后自动恢复到主电工作状态；

2. 系统持续主电工作每隔一年应能自动由主电工作状态转入应急工作状态并持续至放电终止，然后自动恢复到主电工作状态，持续应急工作时间不应少于 30min；

3. 系统应有手动完成 1 和 2 的自检功能，手动自检不应影响自动自检计时，如系统断电且应急工作至放电终止后，应在接通电源后重新开始计时；

4. 系统（地面安装或其他场所封闭安装的灯具除外）在不能完成自检功能时，应在 10s 内发出故障声、光信号，并保持至故障排除；故障声信号的声压级（正前方 1m 处）应在 65～85dB 之间，故障声信号每分钟至少提示一次，每次持续时间应在 1～3s 之间；

5. 集中电源型灯具在光源发生故障时应发出故障声、光信号；应急照明分配电装置不能完成转入应急工作状态时，应发出故障声、光信号，并保持至故障排除；

6. 集中控制型系统在不能完成自检功能时，应急照明控制器应发出故障声、光信号，并指示系统中不能完成自检功能的自带电源型灯具、集中电源和应急照明分配电装置的部位。

5.1.7　系统应急切换时间≤5s。高危险区域使用的系统的应急转换时间不应大于 0.25s。系统的应急工作时间不应小于 90min，且不小于灯具本身标称的应急工作时间。

5.1.8　安装要求

1. 本系统的应急照明控制器设置于消防控制室内。

2. 应急照明集中电源设置于消防控制室或竖井内；单面落地安装方式。

3. 应急照明分配电装置设置于各个防火分区。

4. 消防应急照明灯具采用壁挂、吸顶、吊装及嵌入式安装。

5. 消防应急标志灯具采用壁挂、吊装、嵌入式安装。

5.2　应急照明控制器技术要求

5.2.1　应急照明控制器由应急照明控制器主机、联动模块和图形显示装置（CRT）组成。

1. 应急照明控制器人机界面的液晶显示器采用不低于彩色______（像素）图形点阵，中文汉字显示。电脑版显示器尺寸是______。

2. 应急照明控制器输入电源 AC220V/50Hz，电量______；备用电源容量满足全负荷工作≥3h 要求；蓄电池组必须采用免维护铅酸电池。

3. 防护等级不低于 IP30。

4. 其他应满足 GB 17945—2000 关于集中控制器要求。

5.2.2　外部通信要求：

1. 由应急照明控制器的图形显示装置（CRT）与楼宇自动化系统进行通信连接，楼宇自动化系统赋予图形显示装置（CRT）地址。

2. 应急照明控制器采用一个 RS 485 与火灾自动报警系统进行通信连接。

5.2.3　内部通信要求：

1. 应急照明控制器可提供______路通信回路。

2. 每路通信回路可接不低于______台应急照明电源。

5.2.4　部分厂家应急照明控制器技术要求见表 1.5-1。

部分厂家应急照明控制器技术要求　　　　表 1.5-1

厂家名称 / 技术指标	厂家 1	厂家 2	厂家 3
液晶显示器像素	1024×768	320×240	1440×900(pix)（不低于 800×600）
显示器尺寸	17 寸	15 英寸	19 英寸（7～22 英寸可选）
控制器电量(kW)	≤2kW	1.5kW	0.5kW
应急照明控制器提供通信回路数量	8 路可扩展	4～8 路	1～8 路
每条通信回路可接应急照明电源数量	＜127 台	32 台	不大于 24 个

5.3　应急照明分配电装置技术要求

5.3.1　应急照明分配电装置由______模块或单元等组成。

5.3.2　应急照明分配电装置的输入电源正常状态为______V；应急状态为______V。

5.3.3　应急照明分配电装置的输出电源正常状态为______V；应急状态为______V。

5.3.4　每台应急照明分配电装置______一个地址编码；每个输出配电回路均______有地址编码。

5.3.5　应急照明分配电装置控制方式采用______ 控制。

5.3.6　每条通信回路可接收消防应急照明灯具和标志灯具最大数量为______台。

5.3.7　当采用 DC24V 的消防应急标志灯及消防应急照明灯时，电源回路与通信回路______同管敷设。

5.3.8　部分厂家应急照明分配电装置的技术要求见表 1.5-2。

部分厂家应急照明分配电装置技术要求　　表 1.5-2

技术指标＼厂家名称	厂家 1	厂家 2	厂家 3
应急照明分配电装置的构成	由通信模块、保护模块、控制模块或单元等组成	由输入单元、通信模块、输出模块、灯具通信控制模块及输出模块等组成	由电源模块、配电模块、切换模块等组成
分配电装置正常状态/应急状态输入电源电压	DC 24V/AC 220V DC 24V/AC 220V	24V	正常：AC 220V±15% 应急：DC 216V±15%
分配电装置正常状态/应急状态输出电源电压	DC 24V/AC 220V DC 24V/AC 220V	24V	正常：AC 220V，DC 24V 应急：DC 216V，DC 24V
每台分配电装置是否设置地址编码	设置	设置	设置（每台分配电装置有独立的地址编码）
分配电装置输出回路是否设置地址编码	设置	设置	不设置（每回路中灯具有独立的地址编码）
分配电装置控制方式	集中控制	可编程序控制	自动控制
通信回路所带消防应急灯具最大数量	32	25	每台分机所带点数不超过 200 个
DC 24V 灯具电源与通信回路可否共管敷设	可以	可以	最好异管敷设（条件不允许时，可以同管敷设）

5.4　消防应急标志灯具

5.4.1　消防应急标志灯具的表面亮度应满足下述要求：

1. 仅用绿色或红色图形构成标志的标志灯，其标志表面最小亮度不应小于 50cd/m^2，最大亮度不应大于 300cd/m^2；

2. 用白色与绿色组合或白色与红色组合构成的图形作为标志的标志灯表面最小亮度不应小于 5cd/m^2，最大亮度不应大于 300cd/m^2，白色、绿色或红色本身最大宽度与最小亮度比值不应大于 10。白色与相邻绿色或红色交界两边对应点的亮度比不应小于 5 且不大于 15。

5.4.2　其他应满足《消防应急照明和疏散指示系统》GB 17945—2000 关于消防应急标志灯具的要求。

5.4.3　部分厂家消防应急标志灯具的技术要求见表 1.5-3。

部分厂家消防应急标志灯具的技术要求　　表 1.5-3

技术指标 \ 厂家名称	厂家1	厂家2	厂家3
消防应急标志灯具的构成	灯壳、符号标志、电路板	灯壳、LED 光源、线路板等	外壳、控制模块、光源
每个消防应急标志灯具是否具有单独地址码	是	是	是
消防应急标志灯具类型及功率	集中电源 集中控制型 壁挂系列≤1W 嵌地系列≤1W 吊挂系列≤3W 嵌墙系列≤1W	1W	双面双向:1.5W 单面双向:1.5W 单面左向:1.5W 单面右向:1.5W 单面安全出口:1.5W 单面楼层指示:1.5W 双向指示地标灯:2W 单向指示地标灯:2W
消防应急标志灯具可进行哪些编程控制	可进行巡检、常亮、频闪、灭灯、改变方向编程控制	可进行非持续、持续、频闪、调向等程序控制工作模式	灯具可单点进行编程控制； 系统编程控制:无火警状态下,引导性疏散指示;火警状态下,根据火警点的不同,生成疏散预案,指示出一条“最安全”的疏散路线

5.5　消防应急照明灯具

5.5.1　消防应急照明灯具应急状态光通量不应低于其标称的光通量，且不小于 50lm。

5.5.2　其他应满足《消防应急照明和疏散指示系统》GB 17945—2000 关

于消防应急照明灯具的要求。

5.5.3　部分厂家消防应急照明灯具的技术要求见表1.5-4。

部分厂家消防应急照明灯具的技术要求　　表1.5-4

技术指标＼厂家名称	厂家1	厂家2	厂家3
消防应急照明灯具的构成	灯壳、符号标志、电路板	灯壳、LED光源、线路板等	外壳、控制模块、光源
每个消防应急照明灯具是否具有单独地址码	是	是	是
消防应急标志灯具类型及功率	集中电源 集中控制型 壁挂系列≤5W 吸顶系列≤15W	3W、5W、9W、15W	LED照明灯：9W LED照明灯（投光灯）：9W LED照明灯（筒灯）：9W
消防应急照明灯具可进行哪些编程控制	可进行巡检、开灯、灭灯编程控制	可进行非持续、持续等程序控制工作模式	灯具可单点进行编程控制； 系统编程控制：无火警状态下，处于熄灭状态；火警状态下，全部点亮，为人员的安全疏散提供照明

5.6　应急照明集中电源

5.6.1　应急照明集中电源应设主电、充电、故障和应急状态指示灯，主电状态用绿色，故障状态用黄色，充电状态和应急状态用红色。

5.6.2　应急照明集中电源输入电压为______V；正常状态为无输出，应急状态输出电压为______V，输出回路为______路。输出回路控制方式为______，控制内容包括______。

5.6.3　应急照明集中电源充电时间为______h，断电转入时间为______s，复位时间为______s。

5.6.4　电池类别、容量、电压：

1. 应急照明集中电源采用______电池，<u>　投标企业　</u>需描述所采用的品牌电池的优点。

2. 电池组采用______节/组，每组电池组______V；多组池并列时在充放电态应有有效隔离方案；电池组应具有单节电池检测功能的电池监控模块。

5.6.5　电池运行设计寿命：电池组安装于通风良好、远离火源的地方，与散热器等热源相距＿1m＿以上；不在与有机溶剂等有害物质接触的环境使用；＿投标企业＿需详尽描述电池在环境温度为25℃时：

1. 电池所能达到的循环次数寿命；

2. 电池的老化寿命及有效延长电池老化寿命充电保护方法。

5.6.6　放电保护：

应急照明集中电源应有过充电保护和充电回路短路保护，充电回路短路时其内部元件表面温度不应超过90℃。重新安装电池后，应急照明集中电源应能正常工作。充电时间不应大于24h，使用免维护铅酸电池时最大充电电流不应大于0.4C_{20} A。应急照明集中电源应有过放电保护。使用免维护铅酸电池时，最大放电电流不应大于0.6C_{20} A；每组电池放电终止电压不应小于电池额定电压的85%，静态泄放电流不应大于$10^{-5}C_{20}$ A。

5.6.7　应急照明集中电源在下列情况下应发出故障声、光信号，并指示故障的类型；故障声信号应能手动消除，当有新的故障信号时，故障声信号应再次启动；故障光信号在故障排除前应保持。

1. 充电器与电池之间连接线开路。

2. 应急输出回路开路。

3. 在应急状态下，电池电压低于过放保护电压值。

5.6.8　部分厂家应急照明集中电源的技术要求见表1.5-5。

部分厂家应急照明集中电源的技术要求　　表1.5-5

技术指标＼厂家名称	厂家1	厂家2	厂家3
应急照明集中电源输入电压	AC 220V	AC 220V/380V	AC 220V±15% 50Hz±1%
应急照明集中电源应急输出电压	DC 24V	DC 216V	AC 220V/DC 216V±15%
应急照明输出回路	8	8	8
应急照明集中电源控制方式	集中控制	采用可编程序控制	自动控制
应急照明集中电源控制内容	年检、月检、日检、强启	为控制器分机提供备用电源及电池电源	应急、年检、月检、光源检测

续表

技术指标 \ 厂家名称	厂家1	厂家2	厂家3
应急照明集中电源充电时间	≤24h	≤24h	小于24h
应急照明集中电源断电转入时间	≤0.25～1.5s	≤0.25～1.5s	小于0.25s
应急照明集中电源复位时间	≤0.25～1.5s	≤0.25～1.5s	小于0.25s
应急照明集中电源采用的电池类型	免维护铅酸电池	免维护铅酸电池	阀控式铅酸免维护电池
电池组每组几节电池	2节	18节	18节
电池组电压	12V	216V	216V

第6章　运输、验收

6.1　运输

6.1.1　设备制造完成并通过试验后应及时包装，否则应得到切实的保护，确保其不受污损。

6.1.2　所有部件经妥善包装或装箱后，在运输过程中还应采取其他防护措施，以免散失损坏或被盗。

6.1.3　在包装箱外应标明需方的订货号、发货号。

6.1.4　各种包装应能确保各零部件在运输过程中不致遭到损坏、丢失、变形、受潮和腐蚀。

6.1.5　包装箱上应有明显的包装储运图示标志。

6.1.6　整体产品或分别运输的部件都要适合运输和装载的要求。

6.1.7　随产品提供的技术资料应完整无缺。

6.2　验收

6.2.1　投标设备现场检验项目及方法标准

1. 外观检查。文字、符号和标志清晰齐全；外表无腐蚀、涂覆层剥落和起泡现象，无明显划伤、裂痕、毛刺等机械损伤；紧固部位无松动。

2. 基本功能。试验利用专用编码器对疏散标志灯进行编码读取，测试标志灯的功能是否满足要求。

3. 与业主、监理单位共同核对设备数量、随机配件和文件等。

6.2.2 调试与验收

1. 调试及联调。委派专职工程师负责本项目的调试及联调；调试前，由专职工程师对本项目设计图及施工图进行全面了解，掌握整个项目系统的构成情况，制定整个项目的调试进度时间表。调试内容包括：

(1) 检查施工线路及所用导线是否符合设计要求。

(2) 检查线路的绝缘情况。

(3) 分回路通电试验。

(4) 对出现的问题进行排除解决。

(5) 对每个灯具进行测试。

(6) 编制用户联动程序。

(7) 对系统进行整体测试。

(8) 联动测试。

2. 试验

系统调试完成后，对整个系统进行全面试验，试验内容包括：

(1) 主机的各项功能。

(2) 灯具的各项功能。

(3) 对具有代表性的位置进行主机手动启动模拟疏散试验。

(4) 对具有代表性的位置进行主机自动启动模拟疏散试验。

第7章 技术资料

7.1 招标方提供的资料

7.1.1 目标和主要功能说明

7.1.2 智能应急照明系统的平面布置图

7.1.3 智能应急照明系统的系统图

7.2 投标方提供的资料

7.2.1 企业法人营业执照、资质证书、税务等级证、开户许可证、组织机构代码、质量管理体系及环境管理体系认证证书、产品认证书（CCCF公安部消防产品合格评定中心网站记载有效期内或原件）等相关资质证明(复印件带红章)、法定代理人委托（或授权）书（复印件带红章）。

7.2.2 投标产品主体系统必须通过国家消防电子产品质量监督检验中心的《型式检验报告》并取得公安部消防产品合格评定中心颁发的《产品型式认可证书》。

7.2.3 投标产品局部灯型按业主提出的要求有不足时，需补充说明并保证在工程验收前补充取得《型式检验报告》及《产品型式认可证书》。

第8章 招标清单

序号	名称	品牌	型号	规格	数量	单位	技术规格详细说明	备注
1	应急照明控制器							
2	应急照明集中电源							
3	应急照明分配电装置							
4	消防应急标志灯(单向)							
5	消防应急标志灯(双向)							
6	消防应急标志灯(安全出口)							
7	消防应急照明灯							

第2篇　智能应急照明系统基础知识

第1章　智能应急照明系统概述

1.1　背景及需求

火灾应急疏散照明系统在建筑物发生火灾时为慌乱中的人们指明了方向，为最大限度地保证人身安全发挥了重要的作用。近年来，我国城市发展十分迅速，大型公共建筑物越来越多，这些建筑内部结构复杂，人员高度密集，一旦发生火灾，由于缺乏逃生训练和疏散经验，当面临多条逃生路径时，如无恰当的疏散诱导和指挥，容易造成混乱，发生人身安全事故。建筑面积大、人员密集、人流通道众多以及疏散路径复杂等特点导致了传统的火灾应急疏散系统不能满足此类建筑的需要。因此，智能应急照明系统显得日渐重要。智能应急照明系统从根本上解决疏散照度标志线的建立条件，从理论与实际相结合出发，真正解决现代智能建筑疏散难的问题，智能疏散应急照明系统的推出和实施受到业界的广泛好评和赞赏。

1.2　智能应急照明系统定义

智能应急照明系统是一种用于公共场所的智能消防提示指挥疏散系统，它的智能化体现在自动实时测试通信线路、供电线路、集中电源、分配电装置、应急照明灯具等系统设备是否正常工作；可以与火灾自动报警系统进行联动，自动接收火灾自动报警系统的火灾报警信息，对探测到的火灾发生位置进行识别及分析，然后通过系统主机打开消防应急照明灯具，并以声音、闪烁等方式提示火灾现场的人员安全疏散。

1.3 智能应急照明系统与传统疏散系统的对比

1.3.1 火灾事故疏散的效率和安全性

智能应急照明系统可以自动实时测试通信线路、供电线路、集中电源、分配电装置、应急照明灯具等系统设备是否正常工作。接收火灾自动报警系统的火灾报警信息，对探测到的火灾发生位置进行识别及分析，然后通过系统主机打开消防应急照明灯具，并以声音、闪烁等方式提示火灾现场中的人员安全疏散。传统的消防应急照明灯和疏散标志灯依靠维修人员用“观察法”检查其工作状态，往往会出现检查不及时和漏检等问题。并且传统的消防应急照明灯和疏散标志灯内置电池，需要定期维护和更换，不仅施工量大，而且不环保。

1.3.2 分布式智能控制技术

采用先进的分布式智能控制技术，RS 485 总线式布线，多智能控制单元协同工作模式，集智能控制、维护、管理为一体。系统主机可对每一个终端灯具进行状态监控，控制应急标志灯的指示方向、频闪、熄灯及中英文语音提示和应急照明灯的启动等。

1.3.3 灯具的安全性

智能应急照明系统中灯具供电可使用直流安全电压 DC 24V，DC 24V 相比 220V 交流供电的传统疏散系统灯具，既保证了人员的人身安全、避免电击事故发生，又使系统具有较好的兼容性和可拓展性。

1.3.4 集中供电，节能环保

系统中标志灯具和应急照明灯具可不再设蓄电池，由智能疏散照明系统集中提供电源。解决了传统疏散系统灯具内部电池长期运行，造成设备氧化，腐蚀损坏设备和污染环境的问题。而且系统中的灯具均采用 LED 光源，透光性好，每盏灯耗能 1～5W，系统节能，符合现代化建筑绿色节能的要求。

1.3.5 方便系统检修及可靠性高

在智能疏散照明系统中，每一个灯具都有自带地址编码，系统主机对系统回路进行自动巡检，能及时发现系统线路及灯具故障，并发出故障信号，及时通知维修人员进行检修，从而保障在火灾事故发生时，所有疏散照明灯具都是能正常工作，确保人民生命安全。

第 2 章　智能应急照明系统原理及组成

2.1　智能应急照明系统的基本原理

智能应急照明系统的原理见图 2.2-1。

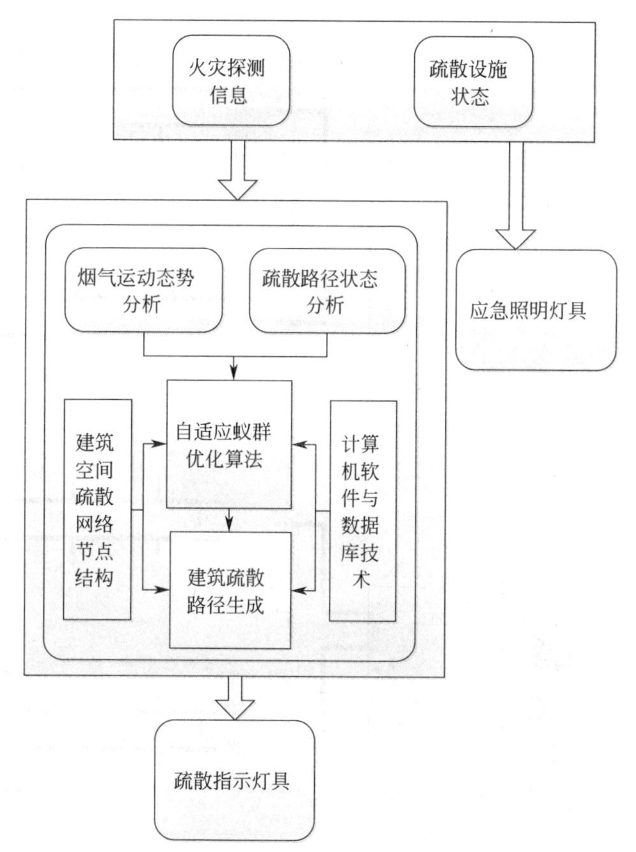

图 2.2-1　智能应急照明系统的原理

首先以火灾探测和疏散设施状态为输入信息，应急照明灯具点亮，通过烟气态势分析与疏散路径初始状态识别，运用蚁群优化算法，生成建筑空间人员疏散路径，更新疏散指示标志，实现安全、就近、均衡的疏散指示。

2.2　智能应急照明系统的结构组成

智能应急照明系统主要由消防应急灯具、应急照明控制器、应急照明集中电源、应急照明分配电装置及相关附件组成。智能应急照明系统的结构组成见图 2.2-2。系统的应急转换时间不应大于 5s；高危险区域的系统的应急转换时间不应大于 0.25s。系统的应急工作时间不应小于 90min，且不小于灯具本身标称的应急工作时间。

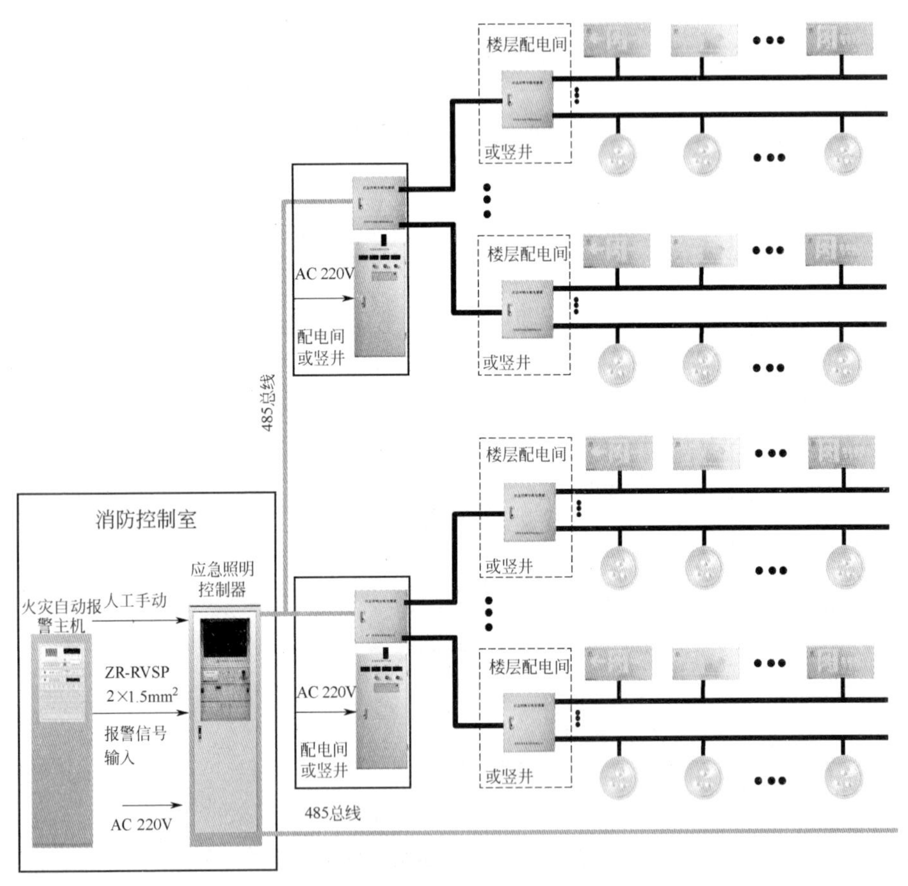

图 2.2-2　智能应急照明系统的结构组成

2.2.1　应急照明控制器

应急照明控制器应能控制并显示与其相连的所有灯具的工作状态，显示应急启动时间。

应急照明控制器应能防止非专业人员操作。

应急照明控制器在与其相连的灯具之间的连接线开路、短路（短路时灯具转入应急状态除外）时，应发出故障声、光信号，并指示故障部位。故障声信号应能手动消除，当有新的故障时，故障声信号应能再启动；故障光信号在故障排除前应保持。

应急照明控制器在与其相连的任一灯具的光源开路、短路，电池开路、短路或主电欠压时，应发出故障声、光信号，并显示、记录故障部位、故障类型和故障发生时间。故障声信号应能手动消除，当有新的故障时，应能再启动；故障光信号在故障排除前应保持。

应急照明控制器应有主、备用电源的工作状态指示，并能实现主、备用电源的自动转换。且备用电源应至少能保证应急照明控制器正常工作 3h。

应急照明控制器在下述情况下应发出故障声、光信号，并指示故障类型。故障声信号应能手动消除，故障光信号在故障排除前应保持。故障期间，灯具应能转入应急状态。

故障条件如下所述：

（1）应急照明控制器的主电源欠压；

（2）应急照明控制器备用电源的充电器与备用电源之间的连接线开路、短路；

（3）应急照明控制器与为其供电的备用电源之间的连接线开路、短路。

应急照明控制器应能对本机及面板上的所有指示灯、显示器、音响器件进行功能检查。

应急照明控制器应能以手动、自动两种方式使与其相连的所有灯具转入应急状态；且应设强制使所有灯具转入应急状态的按钮。

当某一支路的灯具与应急照明控制器连接线开路、短路或接地时，不应影响其他支路的灯具或应急电源盒的工作。

应急照明控制器控制自带电源型灯具时，处于应急工作状态的灯具在其与应急照明控制器连线开路、短路时，应保持应急工作状态。

应急照明控制器控制自带电源型灯具时，应能显示应急照明配电箱的工作状态。

当应急照明控制器控制应急照明集中电源时，应急照明控制器还应符合下列要求：

（1）显示每台应急电源的部位、主电工作状态、充电状态、故障状态、电池电压、输出电压和输出电流；

（2）显示各应急照明分配电装置的工作状态；

（3）控制每台应急电源转入应急工作状态；

（4）在与每台应急电源和各应急照明分配电装置之间连接线开路或短路时，发出故障声、光信号，指示故障部位。

应急照明控制器见图 2.2-3，落地安装。

图 2.2-3　应急照明控制器

2.2.2　应急照明集中电源

应急照明集中电源应设主电、充电、故障和应急状态指示灯，主电状态用绿色，故障状态用黄色，充电状态和应急状态用红色。

应急照明集中电源应设模拟主电源供电故障的自复式试验按钮（或开关），不应设影响应急功能的开关。

应急照明集中电源应显示主电电压、电池电压、输出电压和输出电流。

应急照明集中电源主电和备电不应同时输出，并能以手动、自动两种方式转入应急状态，且应设只有专业人员才可操作的强制应急启动按钮，该按钮启动后，应急照明集中电源不应受过放电保护的影响。

应急照明集中电源每个输出支路均应单独保护，且任一支路故障不应影响其他支路的正常工作。

应急照明集中电源应能在空载、满载 10％和超载 20％条件下正常工作，输出特性应符合制造商的规定。

当串接电池组额定电压大于或等于 12V 时，应急照明集中电源应对电池（组）分段保护，每段电池（组）额定电压不应大于 12V，且在电池（组）充满电时，每段电池（组）电压均不应小于额定电压。当任一段电池电压小于额定电压时，应急照明集中电源应发出故障声、光信号并指示相应的部位。

应急照明集中电源在下述情况下应发出故障声、光信号，并指示故障的类型；故障声信号应能手动消除，当有新的故障信号时，故障声信号应再启动；故障光信号在故障排除前应保持。

故障条件如下所述：

1. 充电器与电池之间连接线开路；

2. 应急输出回路开路；

3. 在应急状态下，电池电压低于过放保护电压值。

应急照明集中电源见图 2.2-4。

2.2.3　应急照明分配电装置

应急照明分配电装置见图 2.2-5。应急照明分配电装置应能完成主电工作状态到应急工作状态的转换。

在应急工作状态、额定负载条件下，输出电压不应低于额定工作电压的 85％。

在应急工作状态、空载条件下输出电压不应高于额定工作电压的 110％。

输出特性和输入特性应符合制造商的要求。

图 2.2-4　应急照明集中电源

图 2.2-5　应急照明分配电装置

2.2.4　消防应急灯具

消防应急标志灯具的表面亮度应满足下述要求：

1. 仅用绿色或红色图形构成标志的标志灯，其标志表面最小亮度不应小于 50cd/m²，最大亮度不应大于 300cd/m²。

2. 用白色与绿色组合或白色与红色组合构成的图形作为标志的标志灯表面最小亮度不应小于 5cd/m²，最大亮度不应大于 300cd/m²，白色、绿色或红色本身最大亮度与最小亮度比值不应大于 10。白色与相邻绿色或红色交界两边对应点的亮度比不应小于 5 且不大于 15。

消防应急照明灯具应急状态光通量不应低于其标称的光通量，且不小于 50lm。

消防应急照明标志复合灯具应同时满足消防应急标志灯具和消防应急照明灯具的要求。

灯具在处于未接入光源、光源不能正常工作或光源规格不符合要求等异常状态时，内部元件表面最高温度不应超过 90℃，且不影响电池的正常充电。光源恢复后，灯具应能正常工作。

对于有语音提示的灯具，其语音宜使用“这里是安全（紧急）出口”、“禁止入内”等；其音量调节装置应置于设备内部；正前方 1m 处测得声压级应在 70～115dB 范围内，且清晰可辨。

闪亮式标志灯的闪亮频率应为（1±10%）Hz，点亮与非点亮时间比应为 4∶1。

顺序闪亮并形成导向光流的标志灯的顺序闪亮频率应在 2～32Hz 范围内，但设定后的频率变动不应超过设定值的±10%，且其光流指向应与设定的疏散方向相同。

2.3　功能特点及技术指标

2.3.1　功能特点

1. 疏散灯具的实时监测。系统内每个前端设备都有独立的地址编码，系统对前端所有应急指示灯及照明灯实施全天候无间断的实时巡检。当应急照明控制器与应急灯具之间的通信或应急灯具发生故障时，应急照明控制器在第一时间发出故障报警提示，并在屏幕上显示故障的位置及工况。

2. 火灾报警的及时响应。当火灾探测器报警后，应急照明控制器接收火灾自动报警系统的转入应急工作状态的联动控制信号，控制相关消防应急灯具转入应急工作状态，同时发出火灾报警声光信号，提示人们注意。响应时间一般不超过5s。

3. 智能疏散。与消防火灾报警系统联动，准确判断火点位置，确定火灾发生区域。由火灾自动报警控制器或消防联动控制器启动应急照明控制器，当确认火灾后，由发生火灾的报警区域开始，顺序启动全楼疏散通道的消防应急照明和疏散指示系统，系统全部投入应急状态的启动时间不应大于5s。

2.3.2 主要技术指标

1. 满足国家标准《消防应急照明和疏散指示系统》GB 17945－2010的要求。

2. 应急照明控制器可以通过RS 232接口与火灾报警控制器进行通信，通过RS 485总线与现场应急疏散灯具进行通信。接收信息和输出控制信号。

3. 主电源应采用220V（应急照明集中电源可采用380V），50Hz交流电源，主电源降压装置不应采用阻容降压方式；安装在地面的灯具主电源应采用安全电压。

4. 外壳采用非绝缘材料的系统，应设有接地保护，接地端子应符合《灯具一般安全要求与试验》GB 7000.1—2007中第7.2条的要求，并应有明确标识。

5. 消防应急标志灯具的标志应满足《消防应急照明和疏散指示系统》GB 17945—2010的要求。

6. 带有逆变输出且输出电压超过36V的消防应急灯具在应急工作状态期间，断开光源5s后，应能在20s内停止电池放电。

2.4 区域设置及应用范围

2.4.1 应用区域

除建筑高度小于27m的住宅建筑外，民用建筑、厂房和丙类仓库的下列部位要设置疏散照明：

1. 封闭楼梯间、防烟楼梯间及其前室、消防电梯间的前室或合用前室、避难走道、避难层（间）；

2. 观众厅、展览厅、多功能厅和建筑面积大于 200m² 的营业厅、餐厅、演播室等人员密集的场所；

3. 建筑面积大于 100m² 的地下或半地下公共活动场所；

4. 公共建筑内的疏散走道；

5. 人员密集的厂房内的生产场所及疏散走道。

2.4.2　光照度设置。建筑内疏散照明的地面最低水平照度要符合下列规定：

1. 对于疏散走道，不能低于 1.0lx。

2. 对于人员密集场所、避难层（间），不能低于 3.0lx；对于病房楼或手术部的避难间，不能低于 10.0lx。

3. 对于楼梯间、前室或合用前室、避难走道，不能低于 5.0lx。

2.4.3　消防控制室、消防水泵房、自备发电机房、配电室、防排烟机房以及火灾发生时仍需正常工作的消防设备房要设置备用照明，其作业面的最低照度不能低于正常照明的照度。

2.4.4　疏散照明灯具应设置在出口的顶部、墙面的上部或顶棚上。

2.4.5　公共建筑、建筑高度大于 54m 的住宅建筑、高层厂房（库房）和甲、乙、丙类单、多层厂房，应设置灯光疏散指示标志，并应符合下列规定：

1. 应设置在安全出口和人员密集的场所的疏散门的正上方。

2. 应设置在疏散走道及其转角处距地面高度 1.0m 以下的墙面或地面上。灯光疏散指示标志的间距不应大于 20m；对于袋形走道，不应大于 10m；在走道转角处，不应大于 1.0m。

2.4.6　下列建筑或场所应在疏散走道和主要疏散路径的地面上增设能保持视觉连续的灯光疏散指示标志或蓄光疏散指示标志：

1. 总建筑面积大于 8000m² 的展览馆建筑；

2. 总建筑面积大于 5000m² 的地上商店；

3. 总建筑面积大于 500m² 的地下或半地下商店；

4. 歌舞娱乐放映游艺场所；

5. 座位数超过 1500 个的电影院、剧场，座位数超过 3000 个的体育馆、会堂或礼堂；

6. 车站、码头建筑和民用机场航站楼中建筑面积大于 3000m^2 的候车、候船厅和航站楼的公共区。

2.4.7 智能应急照明和疏散指示系统应用范围：

可应用于一般工业与民用建筑内，特别是适用于结构复杂、疏散通道距离长、防火分区面积比较大的大型公共建筑等人员密集场所。例如大型商场、星级酒店、高层住宅、写字楼、体育馆、地铁、车站、机场、隧道等多个领域。智能照明疏散系统不只用于火灾时疏散，还可用于非火灾条件下建筑物内人员的疏散引导。

第 3 章 智能应急照明系统的应用

3.1 智能应急照明系统应用示例一

该系统应急照明控制器无需配备图形显示装置（CRT）。该系统适用于 3 万 m^2 以下的建筑，只需设置 1 台应急照明集中电源，应急照明控制器与应急照明集中电源位于消防控制室。该系统示例如图 2.3-1 所示。

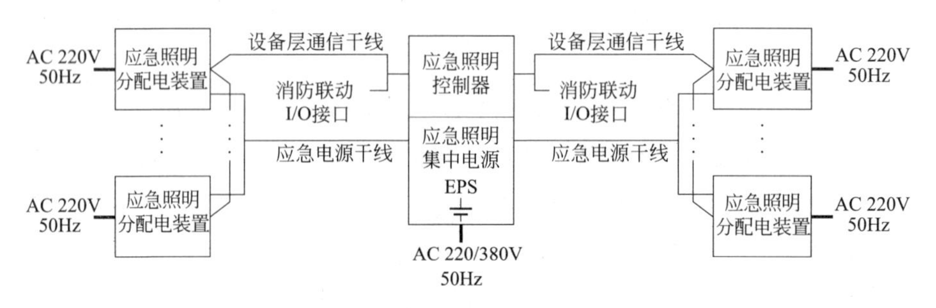

图 2.3-1 智能应急照明系统应用示例一

3.2 智能应急照明系统应用示例二

该系统可以采用带图形显示装置（CRT）的应急照明控制器。该系统适用于面积 20 万 m^2 以下的建筑，可设多台应急照明集中电源。应急照明控制器带图形显示装置（CRT），可以显示设备系统状态图及灯具平面状态图，可以设置动态疏散指示预案。应急照明控制器位于消防控制室。该示例系统如图 2.3-2 所示。

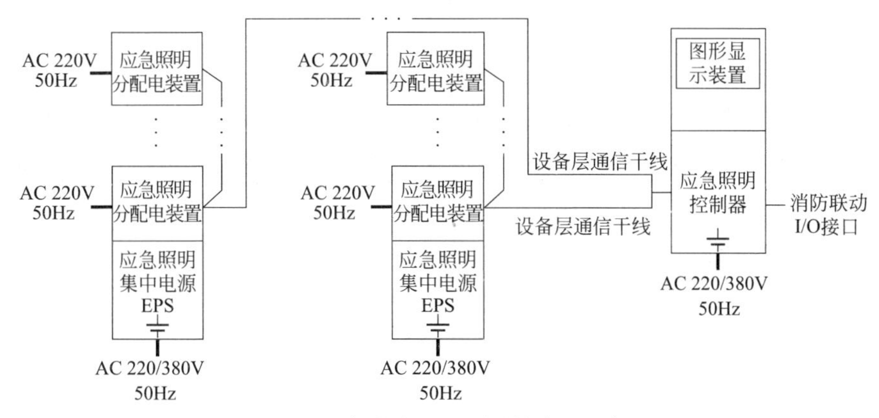

图 2.3-2　智能应急照明系统应用示例二

3.3　智能应急照明系统应用示例三

该系统包含 2～4 台应急照明控制器、图形显示装置（CRT），每台应急照明控制器控制一个分区的应急照明系统。该系统适用于面积 60 万 m^2 以下的建筑，每个子系统可配置多台应急照明集中电源，每台应急照明控制器输出通信干线不超过 4 路。该系统可以显示设备系统状态图及灯具平面状态图，可以设置动态疏散指示预案。控制器主机、图形显示装置（CRT）位于消防控制室。该系统如图 2.3-3 所示。

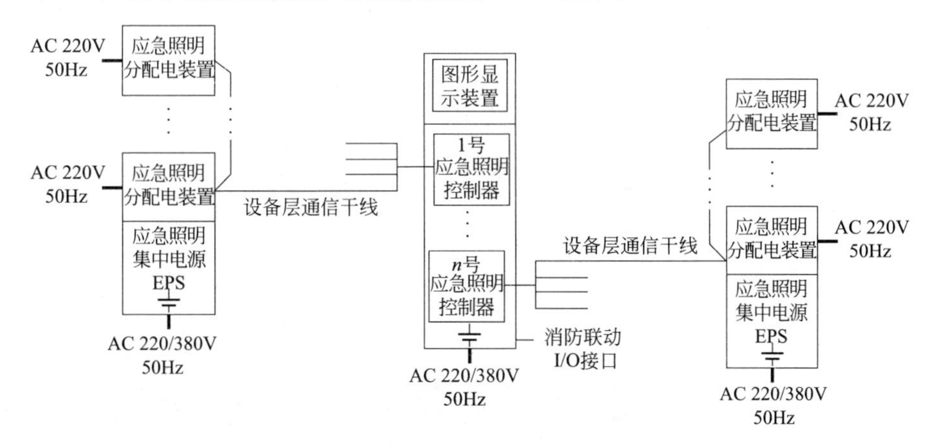

图 2.3-3　智能应急照明系统应用示例三

3.4 智能应急照明系统应用示例四

该系统包含多台应急照明控制器主机、图形显示装置（CRT）。该系统适用于面积 60 万 m^2 以上的建筑，该建筑可包括一个消防控制中心及多个消防控制室。每个子系统可配置多台应急照明集中电源。该系统可以显示设备系统状态图及灯具平面状态图，可以设置动态疏散指示预案。主要的应急照明控制器主机位于主消防控制室，其他应急照明控制器主机位于的其他的消防控制室。该系统如图 2.3-4 所示。

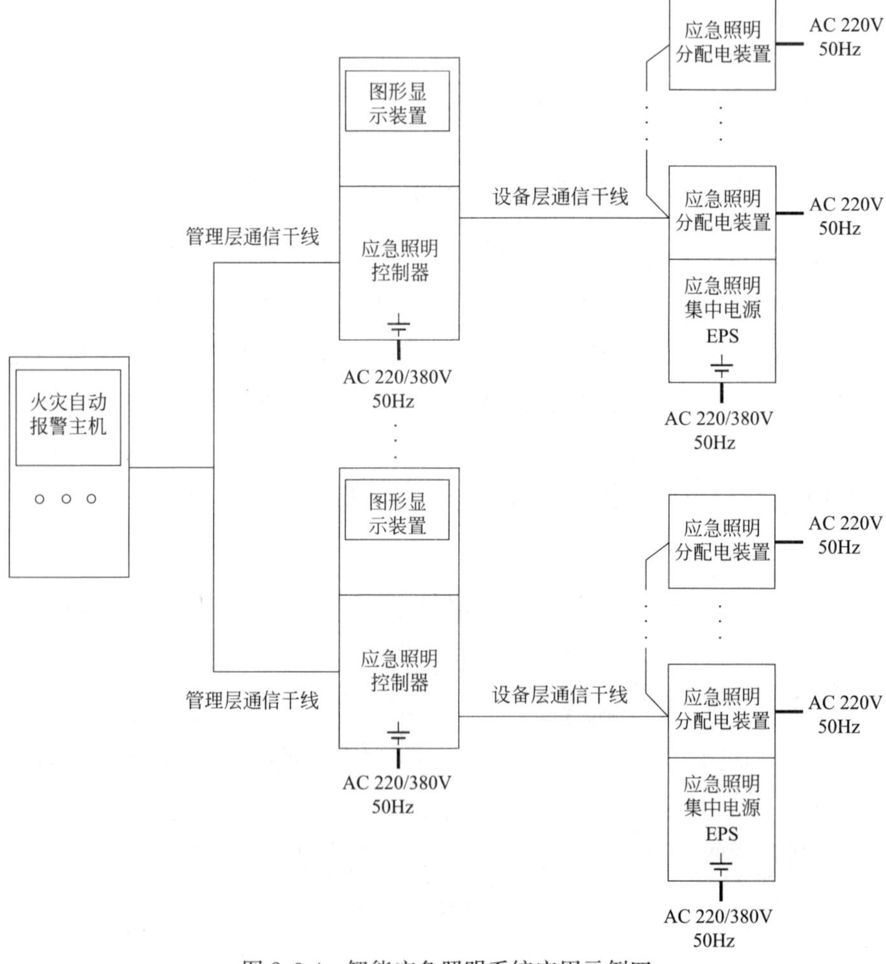

图 2.3-4 智能应急照明系统应用示例四

3.5　智能应急照明系统灯具设置示例

3.5.1　疏散走道智能应急照明灯具和疏散指示灯设置示例

建筑内疏散照明的地面最低水平照度规定：对于疏散走道，不能低于 1.0lx。参考方案 1 如图 2.3-5 所示，方案 2 如图 2.3-6 所示。走道内疏散照明灯间距控制两灯中心点在 45°～60°照度角范围。一般按柱距 8～9m 确定；安装高度不低于 2.7m，不高于 4.0m 范围内。

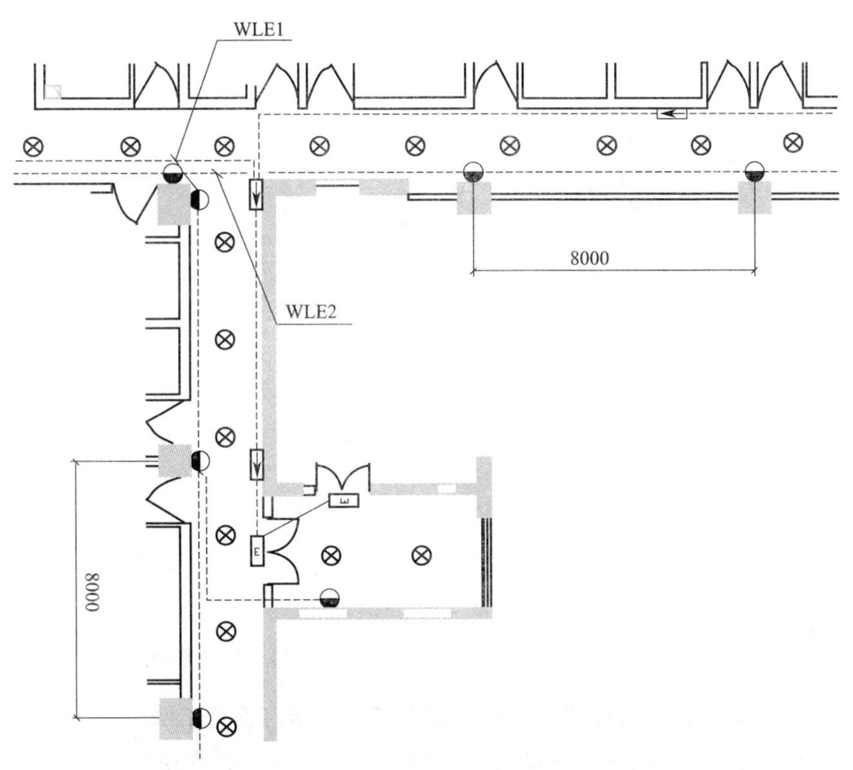

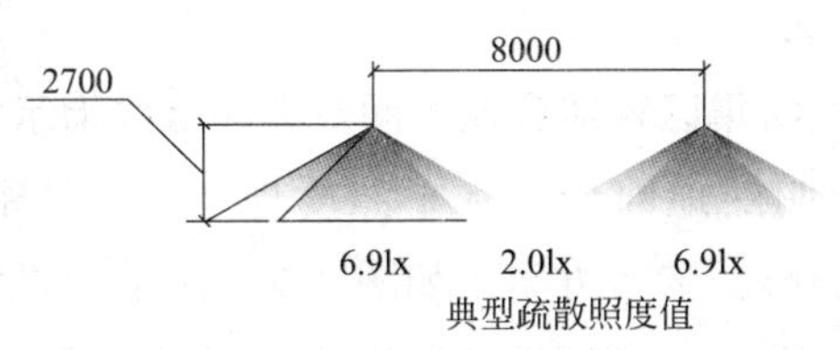

图 2.3-5　疏散走道安全电压型智能应急照明灯和疏散指示灯常用布灯示例 1

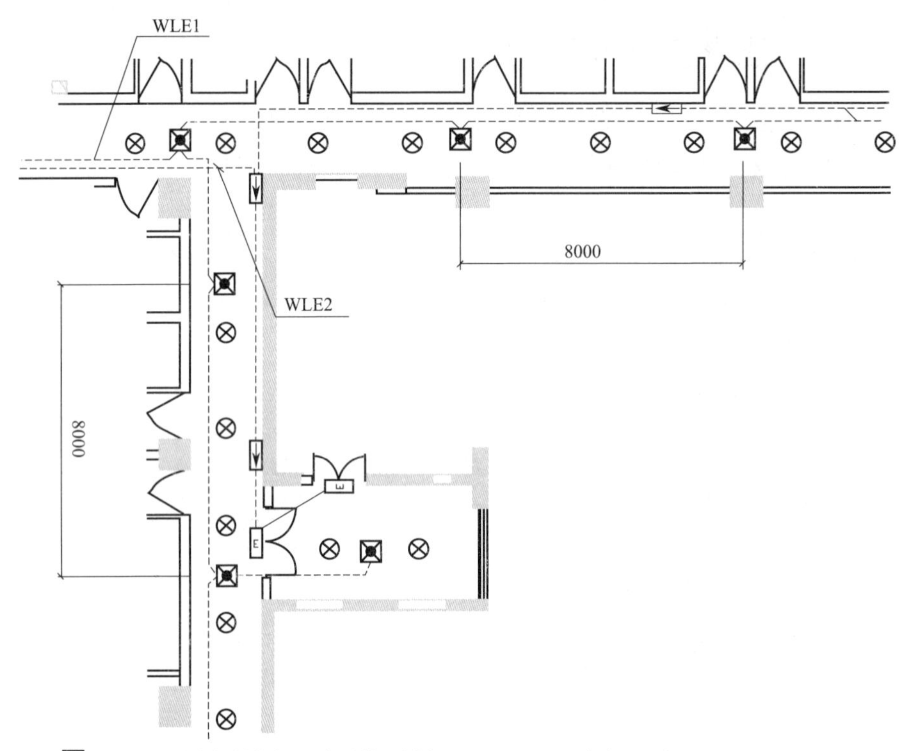

集中电源集中控制型消防应急(疏散)照明灯，2W/DC 24V，吸顶

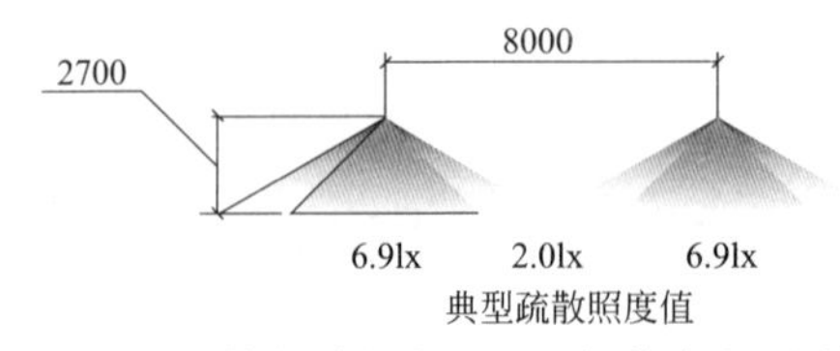

典型疏散照度值

图 2.3-6　疏散走道安全电压型智能应急照明灯和疏散指示灯常用布灯示例 2

3.5.2　防烟楼梯间智能应急照明灯具和疏散指示灯设置示例

建筑内疏散照明的地面最低水平照度规定：对于防烟楼梯间，不能低于 5.0lx。参考方案如图 2.3-7 所示。防烟楼梯间内疏散照明灯安装于踏步第一阶，灯具高度 2.5m。

3.5.3　大面积人员密集区智能应急照明灯具和疏散指示灯设置示例

建筑内疏散照明的地面最低水平照度规定：人员密集场所、避难层(间)，不能低于 3.0lx。参考方案 1 如图 2.3-8 所示。方案 1 的地面最低疏散照度设计大于 5.0lx，疏散照明灯具间距一般按柱距 8～9m 定，安装高度在 3.5～4.5m，采用“四灯模式”布置。

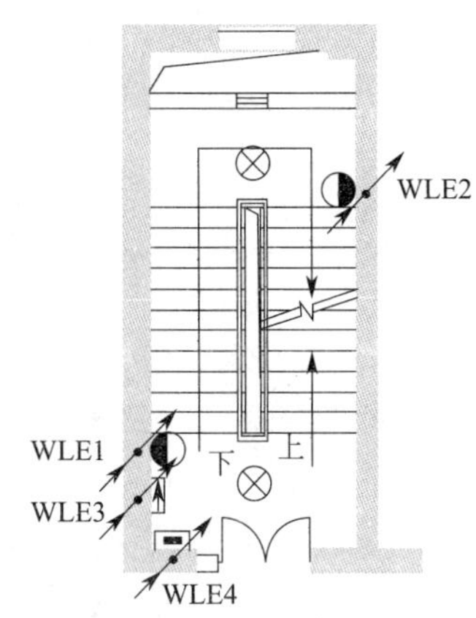

图 2.3-7　防烟楼梯间安全电压型智能应急照明灯和疏散指示灯常用布灯示例

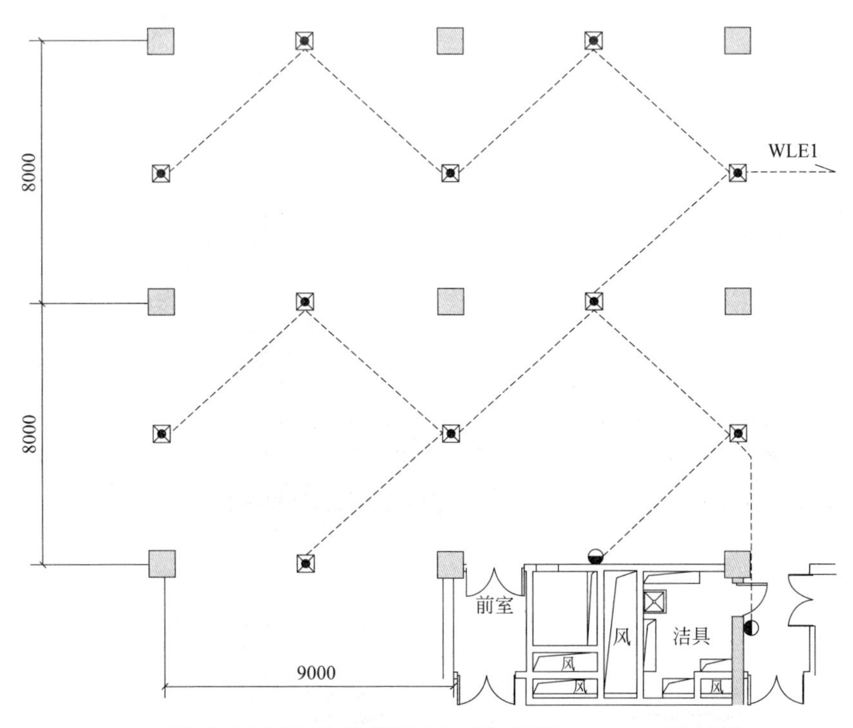

图 2.3-8　大面积人员密集区安全电压型智能应急照明灯和疏散指示灯常用布灯示例 1

参考方案 2 如图 2.3-9 所示。方案 2 的地面最低疏散照度设计大于 5.0lx，疏散照明灯具间距一般按柱距 8～9m 定，安装高度在 4.5～6.0m，采用“五灯模式”布置。

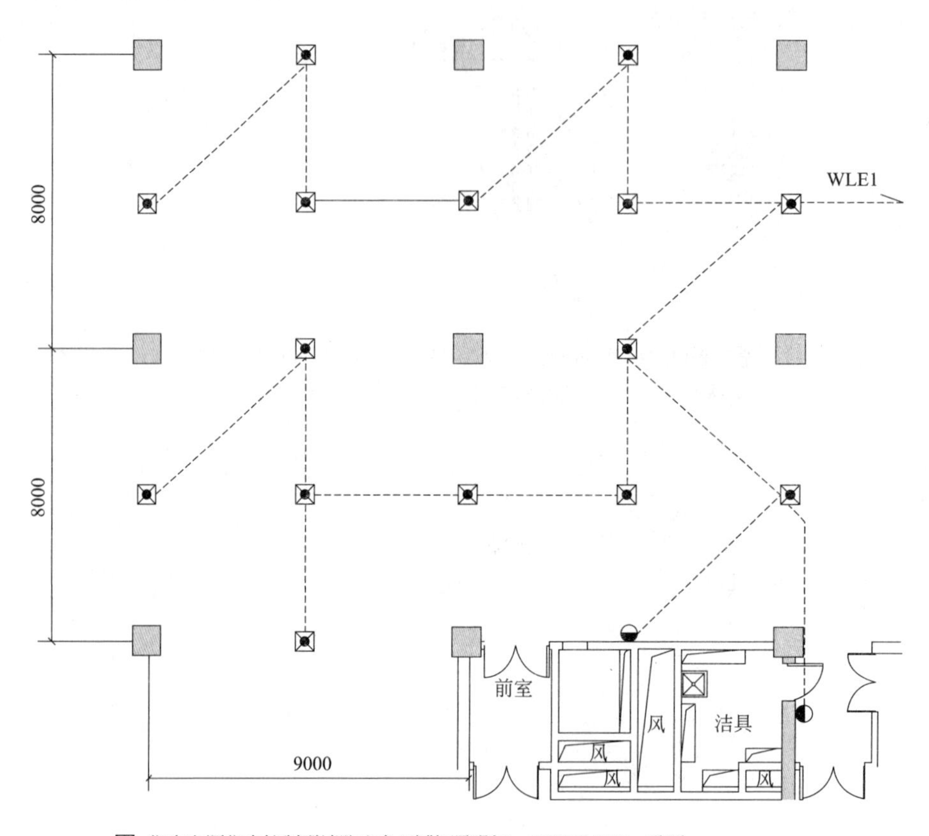

图 2.3-9　大面积人员密集区安全电压型智能应急照明灯和疏散指示灯常用布灯示例 2

第3篇　智能应急照明系统的制造标准摘录[①]

第1章　《消防应急照明和疏散指示系统》GB 17945—2010部分原文摘录

3.1

消防应急照明和疏散指示系统　fire emergency lighting and evacuate indicating system

为人员疏散、消防作业提供照明和疏散指示的系统，由各类消防应急灯具及相关装置组成。

3.2

消防应急灯具　fire emergency luminaire

为人员疏散、消防作业提供照明和标志的各类灯具，包括消防应急照明灯具和消防应急标志灯具。

3.3

消防应急照明标志复合灯具　fire emergency lighting & indicating luminaire

同时具备消防应急照明灯具和消防应急标志灯具功能的消防应急灯具。

3.7

集中电源型消防应急灯具　fire emergency luminaire powered by centralized batteries

灯具内无独立的电池而由应急照明集中电源供电的消防应急灯具。

① 本篇中变字体部分为标准原文摘录。

3.8

应急照明集中电源　centralizing power supply for fire emergency luminaries

火灾发生时，为集中电源型消防应急灯具供电、以蓄电池为能源的电源。

3.9

集中控制型消防应急灯具　fire emergency luminaire controlled by central control panel

工作状态由应急照明控制器控制的消防应急灯具。

3.10

应急照明控制器　central control panel for fire emergency luminaire

控制并显示集中控制型消防应急灯具、应急照明集中电源、应急照明分配电装置及应急照明配电箱及相关附件等工作状态的控制与显示装置。

3.15

集中电源集中控制型系统　central controlled fire emergency lighting system for fire emergency luminaires powered by centralized battery

由集中控制型消防应急灯具、应急照明控制器、应急照明集中电源、应急照明分配电装置及相关附件组成的消防应急照明和疏散指示系统。

3.17

应急照明配电箱　switch board for fire emergency lighting

为自带电源型消防应急灯具供电的供配电装置。

3.18

应急照明分配电装置　distribution and switch equipment for fire emergency lighting

为应急照明集中电源应急输出进行分配电的供配电装置。

5　防护等级

5.1　系统的各个组成部分应有防护等级要求，外壳防护等级不应低于 GB 4208—2008 规定的 IP30 要求；且应符合其标称的防护等级的要求。

5.2　安装在室内地面的消防应急灯具（以下简称灯具）外壳防护等级

不应低于GB 4208—2008规定的IP54，安装在室外地面的灯具外壳防护等级应不低于GB 4208—2008规定的IP67，且应符合其标称的防护等级。

5.3 安装在地面的灯具安装面应能耐受外界的机械冲击和研磨。

6 要求

6.1 总则

消防应急照明和疏散指示系统及系统各组成部分若要符合本标准，应首先满足本章要求，然后按第7章有关规定进行试验，并满足试验要求。系统及系统组成可参考附录A的说明。

6.2 通用要求

6.2.1 主电源应采用220V（应急照明集中电源可采用380V），50Hz交流电源，主电源降压装置不应采用阻容降压方式；安装在地面的灯具主电源应采用安全电压。

6.2.2 外壳采用非绝缘材料的系统，应设有接地保护，接地端子应符合GB 7000.1—2007中7.2的要求，并应有明确标识。

6.2.3 消防应急标志灯具的标志应满足附录B的有关要求；疏散指示标志灯应使用图B.1、图B.2或图B.3为主要标志信息；楼层指示标志灯应使用阿拉伯数字和字母“F”为主要标志信息。

6.2.4 带有逆变输出且输出电压超过36V的消防应急灯具在应急工作状态期间，断开光源5s后，应能在20s内停止电池放电。

6.2.5 使用荧光灯为光源的灯具不应将启辉器接入应急回路，不应使用有内置启辉器的光源。

6.2.6 应急照明集中电源的单相输出最大额定功率不应大于30kV·A，三相输出最大额定功率不应大于90kV·A；逆变转换型应急照明分配电装置的单相输出最大额定功率不应大于10kV·A，三相输出最大额定功率不应大于30kV·A；输出特性应满足企业产品说明书的规定。

6.2.7 系统应有下列自检功能：

a）系统持续主电工作48h后每隔（30±2）d应能自动由主电工作状态转入应急工作状态并持续30s～180s，然后自动恢复到主电工作状态；

b）系统持续主电工作每隔一年应能自动由主电工作状态转入应急工作状态并持续至放电终止，然后自动恢复到主电工作状态，持续应急工作时间不应少于 30min；

c）系统应有手动完成 a）和 b）的自检功能，手动自检不应影响自动自检计时，如系统断电且应急工作至放电终止后，应在接通电源后重新开始计时；

d）系统（地面安装或其他场所封闭安装的灯具除外）在不能完成自检功能时，应在 10s 内发出故障声、光信号，并保持至故障排除；故障声信号的声压级（正前方 1m 处）应在 65dB～85dB 之间，故障声信号每分钟至少提示一次，每次持续时间应在 1s～3s 之间；

e）集中电源型灯具在光源发生故障时应发出故障声、光信号；应急工作时间不能持续 30min 时，应急照明集中电源应发出故障声、光信号，并保持至故障排除；应急照明分配电装置不能完成转入应急工作状态时，应发出故障声、光信号，并保持至故障排除；

f）集中控制型系统在不能完成自检功能时，应急照明控制器应发出故障声、光信号，并指示系统中不能完成自检功能的自带电源型灯具、集中电源和应急照明分配电装置的部位。

6.2.8 系统的各个组成部分的型号编制方法应符合附录 C 的要求。

6.3 系统与整机性能

6.3.1 一般要求

6.3.1.1 系统的应急转换时间不应大于 5s；高危险区域使用的系统的应急转换时间不应大于 0.25s。

6.3.1.2 系统的应急工作时间不应小于 90min，且不小于灯具本身标称的应急工作时间。

6.3.1.3 消防应急标志灯具的表面亮度应满足下述要求：

a）仅用绿色或红色图形构成标志的标志灯，其标志表面最小亮度不应小于 50cd/m^2，最大亮度不应大于 300cd/m^2；

b）用白色与绿色组合或白色与红色组合构成的图形作为标志的标志灯表面最小亮度不应小于 5cd/m^2，最大亮度不应大于 300cd/m^2，白色、绿色或红色本身最大亮度与最小亮度比值不应大于 10。白色与相邻绿色或红色交界两边对应点的亮度比不应小于5且不大于15。

6.3.1.4 消防应急照明灯具应急状态光通量不应低于其标称的光通量，且不小于50lm。疏散用手电筒的发光色温应在2500K至2700K之间。

6.3.1.5 消防应急照明标志复合灯具应同时满足6.3.1.3和6.3.1.4的要求。

6.3.1.6 灯具在处于未接入光源、光源不能正常工作或光源规格不符合要求等异常状态时，内部元件表面最高温度不应超过90℃，且不影响电池的正常充电。光源恢复后，灯具应能正常工作。

6.3.1.7 对于有语音提示的灯具，其语音宜使用“这里是安全（紧急）出口”、“禁止入内”等；其音量调节装置应置于设备内部；正前方1m处测得声压级应在70dB～115dB范围内（A计权），且清晰可辨。

6.3.1.8 闪亮式标志灯的闪亮频率应为（1±10%）Hz，点亮与非点亮时间比应为4∶1。

6.3.1.9 顺序闪亮并形成导向光流的标志灯的顺序闪亮频率应在2Hz～32Hz范围内，但设定后的频率变动不应超过设定值的±10%，且其光流指向应与设定的疏散方向相同。

6.3.3 集中电源型灯具

集中电源型灯具（地面安装的灯具和集中控制型灯具除外）应设主电和应急电源状态指示灯，主电状态用绿色，应急状态用红色。主电和应急电源共用供电线路的灯具可只用红色指示灯。

6.3.4 应急照明集中电源的性能

6.3.4.1 应急照明集中电源应设主电、充电、故障和应急状态指示灯，主电状态用绿色，故障状态用黄色，充电状态和应急状态用红色。

6.3.4.2 应急照明集中电源应设模拟主电源供电故障的自复式试验按钮（或开关），不应设影响应急功能的开关。

6.3.4.3 应急照明集中电源应显示主电电压、电池电压、输出电压和输出电流。

6.3.4.4 应急照明集中电源主电和备电不应同时输出，并能以手动、自动两种方式转入应急状态，且应设只有专业人员可操作的强制应急启动按钮，该按钮启动后，应急照明集中电源不应受过放电保护的影响。

6.3.4.5 应急照明集中电源每个输出支路均应单独保护，且任一支路故障不应影响其他支路的正常工作。

6.3.4.6 应急照明集中电源应能在空载、满载10%和超载20%条件下正常工作，输出特性应符合制造商的规定。

6.3.4.7 当串接电池组额定电压大于等于12V时，应急照明集中电源应对电池（组）分段保护，每段电池（组）额定电压不应大于12V，且在电池（组）充满电时，每段电池（组）电压均不应小于额定电压。当任一段电池电压小于额定电压时，应急照明集中电源应发出故障声、光信号并指示相应的部位。

6.3.4.8 应急照明集中电源在下述情况下应发出故障声、光信号，并指示故障的类型；故障声信号应能手动消除，当有新的故障信号时，故障声信号应再启动；故障光信号在故障排除前应保持。

故障条件如下所述：

a）充电器与电池之间连接线开路；

b）应急输出回路开路；

c）在应急状态下，电池电压低于过放保护电压值。

6.3.5 应急照明配电箱的性能

6.3.5.1 双路输入型的应急照明配电箱在正常供电电源发生故障时应能自动投入到备用供电电源，并在正常供电电源恢复后自动恢复到正常供电电源供电；正常供电电源和备用供电电源不能同时输出，并应设有手动试验转换装置，手动试验转换完毕后应能自动恢复到正常供电电源供电。

6.3.5.2 应急照明配电箱应能接收应急转换联动控制信号，切断供电电源，使连接的灯具转人应急状态，并发出反馈信号。

6.3.5.3 应急照明配电箱每个输出配电回路均应设保护电器，并应符合GB 50054的有关要求。

6.3.5.4 应急照明配电箱的每路电源均应设有绿色电源状态指示灯，指示正常供电电源和备用供电电源的供电状态。

6.3.5.5 应急照明配电箱在应急转换时，应保证灯具在5s内转人应急工作状态，高危险区域的应急转换时间不大于0.25s。

6.3.6　应急照明分配电装置的性能

6.3.6.1　应能完成主电工作状态到应急工作状态的转换。

6.3.6.2　在应急工作状态、额定负载条件下，输出电压不应低于额定工作电压的85%。

6.3.6.3　在应急工作状态、空载条件下输出电压不应高于额定工作电压的110%。

6.3.6.4　输出特性和输入特性应符合制造商的要求。

6.3.7　应急照明控制器的性能

6.3.7.1　应急照明控制器应能控制并显示与其相连的所有灯具的工作状态，显示应急启动时间。

6.3.7.2　应急照明控制器应能防止非专业人员操作。

6.3.7.3　应急照明控制器在与其相连的灯具之间的连接线开路、短路（短路时灯具转入应急状态除外）时，应发出故障声、光信号，并指示故障部位。故障声信号应能手动消除，当有新的故障时，故障声信号应能再启动；故障光信号在故障排除前应保持。

6.3.7.4　应急照明控制器在与其相连的任一灯具的光源开路、短路，电池开路、短路或主电欠压时，应发出故障声、光信号，并显示、记录故障部位、故障类型和故障发生时间。故障声信号应能手动消除，当有新的故障时，应能再启动；故障光信号在故障排除前应保持。

6.3.7.5　应急照明控制器应有主、备用电源的工作状态指示，并能实现主、备用电源的自动转换。且备用电源应至少能保证应急照明控制器正常工作3h。

6.3.7.6　应急照明控制器在下述情况下应发出故障声、光信号，并指示故障类型。故障声信号应能手动消除，故障光信号在故障排除前应保持。故障期间，灯具应能转入应急状态。

故障条件如下所述：

a）应急照明控制器的主电源欠压；

b）应急照明控制器备用电源的充电器与备用电源之间的连接线开路、短路；

c）应急照明控制器与为其供电的备用电源之间的连接线开路、短路。

6.3.7.7 应急照明控制器应能对本机及面板上的所有指示灯、显示器、音响器件进行功能检查。

6.3.7.8 应急照明控制器应能以手动、自动两种方式使与其相连的所有灯具转入应急状态；且应设强制使所有灯具转入应急状态的按钮。

6.3.7.9 当某一支路的灯具与应急照明控制器连接线开路、短路或接地时，不应影响其他支路的灯具或应急电源盒的工作。

6.3.7.10 应急照明控制器控制自带电源型灯具时，处于应急工作状态的灯具在其与应急照明控制器连线开路、短路时，应保持应急工作状态。

6.3.7.11 应急照明控制器控制自带电源型灯具时，应能显示应急照明配电箱的工作状态。

6.3.7.12 当应急照明控制器控制应急照明集中电源时，应急照明控制器还应符合下列要求：

a）显示每台应急电源的部位、主电工作状态、充电状态、故障状态、电池电压、输出电压和输出电流；

b）显示各应急照明分配电装置的工作状态；

c）控制每台应急电源转入应急工作状态；

d）在与每台应急电源和各应急照明分配电装置之间连接线开路或短路时，发出故障声、光信号，指示故障部位。

6.4.2　应急照明集中电源充、放电性能

6.4.2.1 应急照明集中电源应有过充电保护和充电回路短路保护，充电回路短路时其内部元件表面温度不应超过90℃。重新安装电池后，应急照明集中电源应能正常工作。充电时间不应大于24h，使用免维护铅酸电池时最大充电电流不应大于$0.4C_{20}A$。

6.4.2.2 应急照明集中电源应有过放电保护。使用免维护铅酸电池时，最大放电电流不应大于$0.6C_{20}A$；每组电池放电终止电压不应小于电池额定电压的85%，静态泄放电流不应大于$10^{-5}C_{20}A$。

6.5　电池性能

系统应选用镉镍、镍氢、免维护铅酸电池。镉镍、镍氢电池应符合附录D的要求，免维护铅酸电池应符合附录E的要求；选用其他电池时，在满足附录D要求的基础上，电池本身应具有自动恢复的防短路装置。

6.6　重复转换性能

系统应能连续完成至少50次“主电状态1min→应急状态20s→主电状态1min”的工作状态循环。

6.7　电压波动性能

系统在主电电压的85%～110%的范围内，不应转入应急状态。

6.9　充、放电耐久性能

系统应完成10次“完全充电→放电终止→完全充电”循环的充电、放电过程。末次放电时间不应低于首次放电时间的85%，并满足6.3.2的要求。

6.10　绝缘性能

系统内各设备的主电源输入端与壳体之间的绝缘电阻不应小于50MΩ，有绝缘要求的外部带电端子与壳体间的绝缘电阻不应小于20MΩ。

6.11　耐压性能

系统内各设备的主电源输入端与壳体间应能耐受频率为（50±0.5）Hz，电压为（1500±150）V，历时60s±5s的试验；外部带电端子（额定电压≤50VDC）与壳体间应能耐受频率为（50±0.5）Hz、电压（500±50）V，历时60s±5s的试验。各设备在试验期间，不应发生表面飞弧和击穿现象；试验后，应能正常工作。

6.12　气候环境耐受性能

系统内设备应能耐受住表1所规定的气候条件下的各项试验，并满足下述要求：

a）试验期间，系统及系统内各设备应保持主电状态；

b）试验后，系统内各设备应无破坏涂覆现象；

c）试验后，系统及系统内各设备应能正常工作；灯具的表面亮度和光通量应分别满足6.3.1.3和6.3.1.4的要求；

d）低温试验后，系统的应急工作时间不应小于90min，且不小于标称的应急工作时间。

气候条件 表1

试验名称	试验参数	试验条件	工作状态
高温试验	温度 持续时间	55℃±2℃ 16h	主电状态
低温试验	温度 持续时间	0℃±1℃ 24h	主电状态
恒定湿热试验	相对湿度 温度 持续时间	90%～95% 40℃±2℃ 4d	主电状态

6.13 机械环境耐受性能

系统的各组成设备应能耐受住表2中所规定的机械环境条件下的各项试验。试验后，系统及系统内各设备应能正常工作；灯具表面亮度和光通量应分别满足6.3.1.3和6.3.1.4的要求。

机械环境条件 表2

试验名称	试验参数	试验条件	工作状态
振动试验	频率循环范围	10Hz～55Hz	非工作状态
	加速幅值	0.5g	
	扫频速率	1倍频程/min	
	每个轴线循环扫频次数	20	
	振动方向	X、Y、Z	
冲击试验	加速度g	100—20m	非工作状态
	脉冲持续时间	11ms	
	冲击次数	3个面，3次	
	波形	半正弦波	

注：m为试样的质量（kg）。

6.14 电磁兼容性能

应急照明集中电源和应急照明控制器应能适应表3所规定条件下的各项试验要求，并满足下述要求：

a）试验期间，应急照明集中电源和应急照明控制器应保持正常监视状态；

b）试验后，应急照明集中电源性能应满足6.3.4的要求；

c）试验后，应急照明控制器性能应满足6.3.7的要求。

电磁兼容条件　　　　**表3**

试验名称	试验参数	试验条件	工作状态
射频电磁场辐射抗扰度试验	场强/(V/m)	10	正常监视状态
	频率范围/MHz	80～1000	
	扫频频率/(10倍频程每秒)	≤1.5×10^{-3}	
	调制幅度	80%(1kHz,正弦)	
射频场感应的传导骚扰抗扰度试验	频率范围/MHz	0.15～80	正常监视状态
	电压/dBμV	140	
	调制幅度	80%(1kHz,正弦)	
静电放电抗扰度试验	对应急照明控制器放电电压/kV	8	正常监视状态
	对耦合板放电电压/kV	6	
	放电极性	正、负	
静电放电抗扰度试验	放电间隔/s	≥1	正常监视状态
	每点放电次数	10	
电快速瞬变脉冲群抗扰度试验	电压峰值/kV	AC电源线 2×(1±0.1)	正常监视状态
		其他连接线 1×(1±0.1)	
	重复频率/kHz	AC电源线 2.5×(1±0.2)	
		其他连接线 5×(1±0.2)	
	极性	正、负	
	时间	每次1min	
浪涌(冲击)抗扰度试验	浪涌(冲击)电压/kV	AC电源线 线一线 1×(1±0.1)	正常监视状态
		AC电源线 线一地 2×(1±0.1)	
		其他连接线 线一地 1×(1±0.1)	
	极性	正、负	
	试验次数	AC电源线 5	
		其他连接线 20	
电源瞬变试验	电源瞬变方式	通电9s～断电1s	正常监视状态
	试验次数	500	
	施加方式	每分钟6次	
电压暂降、短时中断和电压变化的抗扰度试验	持续时间/ms	20(下滑60%)	正常监视状态
	持续时间/ms	10(下滑100%)	

6.15 结构

6.15.1 系统内各设备的外部软缆和软线通过硬质材料电缆人口应有光滑的圆边，圆边的最小半径应大于0.5mm；电缆入口应适合于导线管（或电缆、软线）的保护套的引入，使芯线完全得到保护，并且当导线管（或电缆、软线）安装完成后，电缆人口的防尘或防水保护应与灯具的防护等级相同。

6.15.2 不使用工具不能将软缆（或软线）推人灯具、引起接线端子处软缆或软线位移；软缆或软线应承受25次拉力，拉力值如表4所示，拉时不能猛拉，每次历时1s。试验期间测量软缆或软线的纵向位移。第一次承受拉力时，在离软线固定架约20mm处的软缆或软线上作标记，25次拉力期间，标记的位移不能超过2mm；软缆或软线应能承受扭力，扭矩值如表4所示。

扭矩值 **表4**

所有导体总的标称截面积 S mm²	拉力 N	扭矩 N·m	所有导体总的标称截面积 S mm²	拉力 N	扭矩 N·m
$S \leqslant 1.5$	60	0.15	$3 < S \leqslant 5$	80	0.35
$1.5 < S \leqslant 3$	60	0.25	$5 < S \leqslant 8$	120	0.35

6.15.3 消防应急照明和疏散指示系统走线槽应光滑，不应存在可能磨损接线绝缘层的锐边、毛口、毛刺等类似现象。金属定位螺钉之类的零件不能凸伸到线槽内。

6.16 爬电距离和电气间隙

系统内各设备的爬电距离和电气间隙应符合GB 7000.1—2007中第11章的要求。

6.17 主要部件性能

6.17.1 系统的主要部件应采用符合国家有关标准的定型产品。

6.17.2 系统使用电池的充放电性能应满足6.5的要求。

6.17.3 系统应在电池与充、放电回路间及主电输入回路加熔断器或其他保护装置，熔断器的电流值标示应清晰；直流和交流熔断器应分型标示(直流DC、交流AC)，标示字体高度应不小于2mm，且清晰可见。

6.17.4 系统内各设备的接地端子应标示清晰。

6.17.5 系统的各类设备外壳应选用不燃材料或难燃材料（氧指数≥28）制造，内部接线和外部接线应符合 GB 7000.1—2007 中第5章的要求。

6.17.6 环境温度为25℃±3℃条件下系统各设备的内置变压器、镇流器等发热元部件的表面最高温度不应超过90℃。其电池周围（不触及电池）环境温度不超过50℃。

6.17.7 指示灯应标注出功能，在不大于500lx环境光条件下，在正前方22.5。视角范围内指示灯应在3m处清晰可见。

6.17.8 在正常工作条件下，音响器件在其正前方1m处的声压级（A计权）应大于65dB，小于115dB。

8.1 出厂检验

企业在产品出厂前应按第5章、6.2、6.15、6.16、6.17和附录B的要求对产品进行检查，并对产品进行下述试验项目的检验：

a）基本功能试验；

b）充、放电试验；

c）绝缘电阻试验；

d）耐压试验；

e）重复转换试验；

f）转换电压试验；

g）充放电耐久试验；

h）恒定湿热试验。

8.2 型式检验

8.2.1 型式检验项目为第7章规定的全部试验。检验样品在出厂检验合格的产品中抽取。

8.2.2 有下列情况之一时，应进行型式检验：

a）新产品或老产品转厂生产时的试制定型鉴定；

b）正式生产后，产品的结构、主要部件或元器件、生产工艺等有较大的改变可能影响产品性能或正式投产满四年；

c）产品停产一年以上，恢复生产；

d）出厂检验结果与上次型式检验结果差异较大；

e）发生重大质量事故。

8.2.3 检验结果按GB 12978规定的型式检验结果判定方法进行判定。

9 标志

9.1 一般要求

系统的每台灯具及其他设备应有清晰、耐久的标志，包括产品标志和质量检验标志，标示字体应高于2mm，地面安装或其他封闭式安装的灯具的标示可置于灯具内部，开盖后应清晰可见。

9.2 产品标志

产品标志应包括以下内容：

a）制造厂名、厂址；

b）产品名称；

c）产品型号；

d）产品主要技术参数（外壳防护等级、额定电源电压、额定工作频率、应急工作时间、应急输出光通量、使用光源名称和参数、输出参数、主电功耗等）；

e）商标；

f）制造日期及产品编号；

g）执行标准；

h）适宜于直接安装在普通可燃材料表面的标记▽F（F一标记）。

9.3 质量检验标志

质量检验标志应包括下列内容：

a）检验员；

b）合格标志。

10 使用说明书

使用说明书应满足GB/T 9969的有关要求，并包括以下内容：

a）电池种类、容量、型号及更换方法、更换时间；

b）光源的规格、型号及更换方法；

c）如何进行日常维护；

d）产品的技术参数（外壳防护等级、应急工作时间、应急光通量、输出参数)。

第2章　《建筑设计防火规范》GB 50016—2014部分原文摘录

10.3　消防应急照明和疏散指示标志

10.3.1　除建筑高度小于27m的住宅建筑外，民用建筑、厂房和丙类仓库的下列部位应设置疏散照明：

1　封闭楼梯间、防烟楼梯间及其前室、消防电梯间的前室或合用前室、避难走道、避难层(间)；

2　观众厅、展览厅、多功能厅和建筑面积大于200m^{2}的营业厅、餐厅、演播室等人员密集的场所；

3　建筑面积大于100m^{2}的地下或半地下公共活动场所；

4　公共建筑内的疏散走道；

5　人员密集的厂房内的生产场所及疏散走道。

10.3.2　建筑内疏散照明的地面最低水平照度应符合下列规定：

1　对于疏散走道，不应低于1.0lx；

2　对于人员密集场所、避难层(间)，不应低于3.0lx；对于病房楼或手术部的避难间，不应低于10.0lx；

3　对于楼梯间、前室或合用前室、避难走道，不应低于5.0lx。

10.3.3　消防控制室、消防水泵房、自备发电机房、配电室、防排烟机房以及发生火灾时仍需正常工作的消防设备房应设置备用照明，其作业面的最低照度不应低于正常照明的照度。

10.3.4　疏散照明灯具应设置在出口的顶部、墙面的上部或顶棚上；备用照明灯具应设置在墙面的上部或顶棚上。

10.3.5　公共建筑、建筑高度大于54m的住宅建筑、高层厂房(库房)和甲、乙、丙类单、多层厂房，应设置灯光疏散指示标志，并应符合下列规定：

1　应设置在安全出口和人员密集的场所的疏散门的正上方；

2 应设置在疏散走道及其转角处距地面高度1.0m以下的墙面或地面上。灯光疏散指示标志的间距不应大于20m；对于袋形走道，不应大于10m；在走道转角区，不应大于1.0m。

10.3.6 下列建筑或场所应在疏散走道和主要疏散路径的地面上增设能保持视觉连续的灯光疏散指示标志或蓄光疏散指示标志：

1 总建筑面积大于8000m^2的展览建筑；

2 总建筑面积大于5000m^2的地上商店；

3 总建筑面积大于500m^2的地下或半地下商店；

4 歌舞娱乐放映游艺场所；

5 座位数超过1500个的电影院、剧场，座位数超过3000个的体育馆、会堂或礼堂。

第3章 《火灾自动报警系统设计规范》GB 50116—2013部分原文摘录

4.9.1 消防应急照明和疏散指示系统的联动控制设计，应符合下列规定：

1 集中控制型消防应急照明和疏散指示系统，应由火灾报警控制器或消防联动控制器启动应急照明控制器实现。

2 集中电源非集中控制型消防应急照明和疏散指示系统，应由消防联动控制器联动应急照明集中电源和应急照明分配电装置实现。

3 自带电源非集中控制型消防应急照明和疏散指示系统，应由消防联动控制器联动消防应急照明配电箱实现。

4.9.2 当确认火灾后，由发生火灾的报警区域开始，顺序启动全楼疏散通道的消防应急照明和疏散指示系统，系统全部投入应急状态的启动时间不应大于5s。

第4篇　产品介绍及价格估算

第1章　产品介绍

1.1　厂家1产品简介

1.1.1　系统结构

1. 消防应急照明和疏散指示系统采用集中电源集中控制型设备，系统设备包括应急照明控制器（系统主机）、应急照明集中电源（消防应急灯具专用应急电源）、应急照明分配电装置、集中电源集中控制型消防应急标志灯具和集中电源集中控制型消防应急照明灯具。

2. 消防应急照明和疏散指示系统中集中电源采用分散设置，不采用电池总站供电方式，避免设置电池总站带来供电全面瘫痪的风险。

3. 系统中所有灯具为集中电源集中控制型，内部不带蓄电池，由集中电源供电，灯具带独立地址编码，其中应急标志灯具采用持续型，应急照明灯具采用非持续型。

4. 系统中灯具应采用DC 24V直流安全电压供电。

5. 系统中灯具的供电线路和通信线路应能共管穿线。

6. 系统应能与火灾自动报警系统通信，自动接收报警位置信息，可依据火灾报警信息自动联动终端灯具转入应急工作状态。

7. 系统应能针对火灾报警系统每一报警点（火灾探测器和手报按钮）有一套应急疏散预案。

8. 系统具有市电监测功能，当正常照明供电电源中断（市电失效）时，系统应能自动点亮停电（失效）区域的消防应急照明灯具。

9. 系统应选择符合《消防应急照明和疏散指示系统》GB 17945—2010，经国家消防电子产品质量监督检验中心检验合格，获得国家强制性CCC产品认证证书的所有设备。

10. 主机基本要求

（1）系统主机采用柜式机，落地安装方式，由工业控制计算机、液晶显示器、打印机、系统显示盘、备用电池组等构成。

（2）主机应具有标准串行总线数据接口（RS 232/RS 485），可与火灾自动报警系统主机进行连接通信。

（3）主机能保存、打印系统运行时的日志记录，并有自动数据备份功能，数据存储容量不小于 100000 条。

（4）采用不低于 17 寸的液晶显示器，具有中英文显示功能。

（5）具有专用软件管理系统，直观的人机交互图形操作界面，可方便系统设备和预案的编辑，可显示灯具的箭头指示方向，在主机上即可看出疏散路线和方向。

（6）对故障和火警信息具有精确定位功能，并能调出建筑平面图形。

（7）主机应具备平时给蓄电池组充电功能，应具备备用电源过压、失压等监视功能，控制器主机的应急工作时间不小于 3h。

（8）主机联动编程条数无限制，可编制多种疏散方案。

（9）系统主机安装于消防控制室内，靠近 FAS 系统主机落地安装，应可进行前维护操作。

（10）通信回路所带消防应急灯具最大数量为 32 条。

1.1.2 主机功能要求

1. 应能控制并显示与其相连的所有灯具的工作状态，显示应急启动时间。

2. 应能防止非专业人员操作。

3. 在与其相连的灯具之间的连接线开路、短路（短路时灯具转入应急状态除外）时，发出故障声、光信号，并指示故障部位。故障声信号应能手动消除，当有新的故障时，故障声信号应能再启动；故障光信号在故障排除前应保持。

4. 在与其相连的任一灯具的光源开路、短路时能发出故障声光信号，并显示、记录故障部位、故障类型和故障发生时间，故障声信号能手动消除，当有新的故障信号时，声故障信号能再启动，光故障信号在故障排除前可保持。

5. 应有主、备用电源的工作状态指示，并能实现主、备用电源的自动转换。且备用电源应至少能保证应急照明控制器正常工作3h。

6. 主机在下述情况下将发出故障声、光信号，并指示故障类型，故障声信号应能手动消除，故障光信号在故障排除前应保持，故障期间灯具应能转入应急状态。故障条件如下所述：

（1）主机的主电源欠压；

（2）主机备用电源的充电器与备用电源之间的连接线开路、短路；

（3）主机与为其供电的备用电源之间的连接线开路、短路。

7. 主机能以手动、自动两种方式使与其相连的所有消防应急灯具转入应急状态，且设有强制使所有消防应急标志灯转入应急状态的按钮，该按钮启动后应急电源不受过放电保护的影响。

8. 系统主机还应符合下列要求：

（1）显示系统中每台集中电源的部位、主电工作状态、充电状态、故障状态、电池电压、输出电压和输出电流；

（2）显示系统中各应急照明分配电装置的工作状态；

（3）控制系统中每台集中电源转入应急工作状态；

（4）在与各集中电源和各应急照明分配电装置之间连接线开路或短路时，发出故障声、光信号，指示故障部位。

9. 主机应具有专用软件系统，系统应设置疏散路线数据库，发生火灾时，主机可以从数据库中调出针对不同火灾的最佳预案逃生路线，控制不同种类的灯具进行应急工作状态，即控制出口灯具灭灯、开灯、频闪，控制双向可调标志灯改变指示方向，开灯、灭灯、频闪，控制应急照明灯具启动等，为人员在混乱的火灾现场提供一条快捷、有效的逃生路线和足够的疏散照明，指引人员沿预案逃生路线逃生。

1.1.3　应急照明集中电源（消防应急灯具专用应急电源）

1. 为终端消防应急灯具提供应急电源的专用设备，采用分散设置方式，安装于楼层配电间或电井内，集中电源单台功率不应大于1kVA；

2. 应急照明集中电源内置蓄电池组，应急供电时间不应小于90min；

3. 应急照明集中电源应显示主电电压、电池电压、输出电压和输出电流；

4. 应急照明集中电源具有短路、过载保护功能。每个输出支路均应单独保护，且任一支路故障不应影响其他支路的正常工作；

5. 应急照明集中电源在下述情况下应发出故障声、光信号，并指示故障的类型；故障声信号应能手动消除，当有新的故障信号时，故障声信号应再启动；故障光信号在故障排除前应保持。故障条件如下所述：

（1）充电器与电池之间连接线开路；

（2）应急输出回路开路；

（3）在应急状态下，电池电压低于过放保护电压值。

6. 应急照明集中电源具有与控制器的通信接口，与控制器主机通信，可上传自身工作状态，并可由控制器控制进入应急、年检及月检状态。

7. 各项功能应满足 GB 17945—2010 的要求

1.1.4 应急照明分配电装置

1. 应急照明分配电装置是对应急照明集中电源的输出进行分配和保护以及对终端负载进行供电与保护的专用设备，安装在楼层配电间或电井内。

2. 应急照明主分配电装置应具有与控制器的通信接口，与控制器主机通信，可上传自身工作状态。

3. 应急照明分配电装置具有将终端消防应急灯具和应急照明控制器进行连接通信和接收控制指令的功能。

4. 具有与正常照明联动的功能，当正常照明电失效时自动点亮该区域的应急照明灯具。

5. 各项功能应满足 GB 17945—2010 的要求。

1.1.5 集中电源集中控制型消防应急标志灯具

1. 灯具内部不设蓄电池，由应急照明集中电源供电，工作电压为 DC 24V 直流安全电压，额定功率≤3W。

2. 每个灯具内部均设置微型计算机芯片，具有独立地址编码，具有巡检、亮灯、灭灯、改变方向等功能。

3. 灯具异常状态应（包括光源）故障报警。

4. 采用超高亮绿色 LED 光源，LED 光源的设计应便于更换。

5. 光源应采用匀光处理技术，表面亮度：50～300CD/M2。

6. 灯具内部电路应进行防潮、防霉、防盐雾等处理。

7. 所有标志灯应采用铝合金面板，具有防碰撞功能。

8. 地面安装的标志灯应具备一定抗压能力和防尘防水性能，承压能力不小于8MPA，防护等级应部低于IP67。

9. 其他技术要求应满足国家标准《消防应急照明和疏散指示系统》GB 17945—2010关于集中电源集中控制型消防应急标志灯具的要求。

1.1.6　集中电源集中控制型消防应急照明灯具

1. 灯具内部不设蓄电池，由应急照明集中电源供电，灯具工作电压为DC 24V直流安全电压。

2. 灯具内置微型计算机芯片，具有独立地址编码，具有巡检、亮灯及灭灯等功能。

3. 灯具异常状态应（包括光源）故障报警。

4. 采用高效低功耗超高亮白色LED光源。

5. 灯具内部电路应进行防潮、防霉、防盐雾等处理。

6. 应急照明灯具光通量满足国家标准要求，且应满足设计疏散照度要求。

7. 其他技术要求应满足国家标准《消防应急照明和疏散指示系统》GB 17945—2010关于集中电源集中控制型消防应急灯具的要求。

1.1.7　信号接口

系统主机应具有标准的RS 232/RS 485通信端口，可连接FAS/BAS/CRT，通过协议获取火灾自动报警系统报警位置信息联动系统设备。

1.1.8　集中电源分散设置的优势

1. 集中电源分散设置，就近取电，整个系统全部采用DC 24V安全电压供电，绝对安全，无风险。

2. 集中电源分散设置大大降低了电源的风险，即使某一部分电池出现问题，也不会影响系统其他部分的正常使用。

3. 电池容量的利用率高，集中电源分散设置从电池引电出来就是24V，没有变压时消耗的功率，集中电源分散设置电池容量小，电池内部消耗功率比较低。

4. 这样的配电方式，系统的出故障率也是最低的，集中电源分散设置方案没有变压设备，减少了发生故障的概率，还有集中电源分散设置方案电池节数少，故障率也比较低。

5. 接线比较简单方便，集中电源分散设置方案无需从一个点引出电源线到大楼的各个角落，故障率降低，故障排除也比较简单。

6. 减少施工量节约材料费，集中电源分散设置方案是 24V 供电，所以电源线和通信线可以共管敷设，减少了电池总站大到分配点装置的电源线及施工量。缺点是需要对每一台电源板进行监控和控制，成本偏高。还有灯具自带电源，自带蓄电池需要定期更换内置的电池，灯具拆装工程量较大，运行成本高，而且一旦发生火灾，存在爆炸危险。

1.2 厂家 2 产品简介

1.2.1 e-bus 系统设备构成

1. 终端层灯具

(1) 安全电压 DC 24V——集中电源监控型疏散照明灯；

(2) 安全电压 DC 24V——集中电源监控型疏散标志灯；

(3) AC 220V——DC 216V—集中电源监控型疏散照明灯。

2. 控制分站层

(1) 安全电压型——智能控制器分机；

(2) 交直流隔离型——智能控制器分机；

(3) 混合型——智能控制器分机。

3. 智能（DC 216V）电池主站/智能（DC 24V）电池分站。

4. 管理工作站——控制器主机。

1.2.2 产品分类说明

1. 安全电压——集中电源点式监控型标志灯

(1) 输入电压 DC 24V，灯内不带蓄电池组；

(2) 每灯均带地址编码及传感器；灯具故障报警；

(3) 可编程序点式控制：工作模式定义；执行频闪、调向、程序开关控制模式；

(4) 光源符合宽电压点亮原则（50%电压下降亮度不变）；

(5) 符合快速点亮原则（ms 级）；

(6) 光源符合长寿原则（≥100000h）；

(7) 输入线路同管敷设。

2. 安全电压类集中电源式点式监控型——疏散照明灯

(1) 输入电压DC 24V，灯内不带蓄电池组；

(2) 每灯均带地址编码及传感器；灯具点式故障报警；

(3) 可编程序点式控制：非持续、持续工作模式定义、程序关开控制模式；

(4) 光通量≥60～360lm；色温：4500～6500K；遮光角：30°；

(5) 光源符合宽电压点亮原则（50%电压下降灯的亮度不变）；

(6) 符合快速点亮原则（ms级，相对而言荧光灯管是s级）；

(7) 光源符合长寿原则（≥50000h）；

(8) 传统灯具风格完全分离（类似烟感探头一样）不易与装修冲突；

(9) 输入线路同管敷设。

3. 高疏散照度集中电源式点式监控型——疏散照明灯

(1) 灯内不带蓄电池组；输入电压AC 220V/DC 216V；每灯均带地址编码及传感器；灯具点式故障报警；

(2) 可编程序点式控制：非持续、持续工作模式定义；执行强迫点灯、程序关开控制模式；

(3) 输入线路分管敷设。

4. 智能——控制器分机

(1) 智能——安全电压型控制器分机

1) 每个输出模块均有地址码、状态接受监视与控制；

2) 标准化2路、4路或8路输出，不可任意加减；DC 24V输出。

(2) 智能——混合型控制器分机

1) 每个输出模块均有地址码、状态接受监视与控制；

2) 标准化8路输出，不可任意加减；DC 24V及AC 220V/DC 216V输出。

(3) 交直流隔离型控制器分机

1) 每个输出模块均有地址码、状态接受监视与控制；

2) 标准化4路或8路输出，不可任意加减；AC 220V/DC 216V输出。

5. 智能（直流）电池主站

（1）每个输出干线单元（模块）均有地址码、状态接受监视；

（2）应急联络通道用途（双台连接，编程控制）；

（3）标准化 4 路或 8 路输出，不可任意加减。

6. 智能监控主站

（1）一台监控主站最多可配出 1～8 路通信线；

（2）每路通信线可接 32 台设备（电池主站及控制器分机）；

（3）即一台监控主站最多可接 256 台设备。

1.2.3 e-bus 系统 100%可靠性

1. 每 24h 一次可编程序执行功能动态测试计划，确保灯具、控制器分机、电池站 100%是无任何故障、系统可靠。

2. 每三个月一次可编程序电池应急持续时间测试计划。

1.2.4 e-bus 卓越之处

1. 低碳技术理念；

2. 可实现高性能——疏散照度线及疏散标志线；

3. 高可靠性；

4. 节能及环保；

5. 安全；

6. 自动；

7. 可维护；

8. 精湛的外观工艺。

1.3 厂家 3 产品简介

1.3.1 集中电源集中控制型消防应急照明和疏散指示系统简介

集中电源集中控制智能应急照明系统是将自动化监测、控制、通信技术与传统的集中电源及灯具相结合的智能化照明、疏散指示系统。灯具内部不带电池，由集中电源供电，各区域控制分机进行控制，控制主机可单独设置，也可设置于集中电源内部。各个单元通过通信线路实现相互间的信息传递及控制。与传统自带电源灯具比较具备智能化程度高、维护量小、故障率低、寿命长、可靠性高等优势。

1. 系统特点

（1）系统组成简单，便于维护、管理。一台控制主机＋一台集中电源

＋若干个分配电装置＋若干台控制分机＋应急照明灯具＋疏散指示灯具，控制主机内嵌于集中电源柜内，节省空间；分配电装置设在现场；分配电装置中内嵌若干台控制分机，可对现场灯具进行实时控制与监测。电源集中设置，末端分配电装置进行电源切换，便于维护和管理。

（2）友好的人机交互图形界面。

（3）先进的分布智能控制技术。

（4）完善的疏散方案，在最短的时间内生成最安全的逃生路线。

（5）火灾报警信息输入快捷；

手动输入：用于安装测试及模拟试验阶段；

自动输入：用于系统的正常的日常运行阶段。

（6）安全工作电压。

（7）集中电源供电，节能环保。

（8）施工简单方便。

（9）多种安装方式，适合各类场所。集中电源可以根据现场的实际情况的不同，采用不同的安装方式。可以与控制器集成于同一电源柜中，可以单独放置于一个电池柜中，可以分散于多个小型电池柜中，也可以分散于分配电装置柜中。对于大型的工程，也可以采用多个系统，形成系统环网。

（10）系统的广泛用途。

2. 系统各组成部分功能描述及技术参数

（1）应急照明控制主机

主机能控制并显示与其相连的所有消防应急灯具的工作状态，显示系统工作时间；主机与其相连的消防应急灯具之间的连接线开路、短路时，会发出声、光故障信号，并指示、记录故障部位；主机与其相连的任一消防应急灯具的光源开路、短路时，会发出声、光故障信号，并指示、记录灯具部位；系统具有人性化设计的平面图形监控功能，能实时显示灯具的状态、灯具的地理位置、火灾发生地点、能显示应急疏散逃生路线；系统自动实时测试通信线路、供电线路、集中电源、分配电装置、应急照明灯具等其他系统设备是否正常工作；系统具有年检、月检、日检功能，周期性自动检测应急转换功能；可与火灾报警器的FAB、BAS联动，自动生成最安全的逃生路线。

（2）应急照明集中电源

分布安装在配电井或内嵌控制器，安装于消防控制室内，采用落地安装，设计符合 GB 17945—2010 标准，具有与控制器通信接口，实现以下主要功能：

1）控制器监测集中电源的主电电压、电池电压、输出电压、输出电流、电池电压；

2）控制器控制集中电源进入应急、年检、月检、光源检测状态，具有短路、过载保护功能。

（3）应急照明分配电装置

分布安装在配电井，采用壁挂或落地安装，设计符合 GB 17945—2010 标准。

内置 AC 220V/DC 24V 变压模块，可实现指示灯具的供电。

内置 AC 220V/DC 216V 切换模块，可实现应急照明灯具的供电。

具有短路、过载保护功能，当某条支路出现故障时，不影响其他支路供电。

（4）应急照明控制分机

完成控制器与灯具之间的通信协议转换，实现控制器直接对灯具的设置、实现控制器快速对灯具进行控制；能够对灯具实施监测，当灯具出现供电、通信及光源故障时，及时将故障信息上报给控制器；在试验或紧急状况下也可通过控制分机直接给指定灯具发送控制指令。

（5）应急照明灯具、疏散指示灯具

接收控制分机的控制指令，执行相应的亮、灭动作；将自身的状态实时反馈给控制分机。疏散指示灯具采用 DC 24V 供电电压，对人体无任何伤害；每个灯具都有一个独立的地址编码，通过这个地址编码，控制主机可以实现对灯具的动作的控制与实时监测；采用高亮 LED 光源，使用寿命长；系统采用集中供电，灯具内部无蓄电池，便于维修、管理；灯具只有电源、通信两组线与系统连接，为施工过程带来极大的方便；灯具结构形式有多种，产品系列完善。

第 2 章　2015 年产品价格估算

2.1　厂家 2 产品参考价

应急照明控制器主机：168000 元；

应急照明电池主站 3kVA：87500 元；

四路分机：12000 元；

八路分机：18900 元；

标志灯：600 元；

照明灯（3W）：500 元。

2.2　厂家 3 产品参考价

集中电源集中控制型单面单向标志灯：300 元；

集中电源集中控制型单面双向标志灯：350 元；

集中电源集中控制型双面单向标志灯：400 元；

集中电源集中控制型双面双向标志灯：450 元；

集中控制器（无限点含软件）：85000 元；

集中控制器（区域控制 500 点）：45000 元；

分配电装置（8 路）：25000 元；

集中电源（10kVA）：30000 元。